U0155744

前　言

早上起床穿戴整齐，收拾完毕，把围裙往身上一系，我的一天就开始了。曾经有一段时间，我每天早晨都要为儿子和女儿准备便当。从他们两个人进幼儿园一直到高中这段时间，加起来差不多有十年。虽然现在回头看看，觉得自己还真是能坚持，不过正是因为经常觉得不容易，才会花时间找窍门、想办法。光凭想象是做不出便当的。真实的生活体验和从中学到的点点滴滴，至今对我来说仍是创意的源泉。

虽然我现在已经不需要再给孩子们做便当了，但是出于新的原因，又开始了便当制作工作。我丈夫从十几年前开始，每个星期都会有几次拎着便当盒去上班。他觉得这样比较健康，我也打算多花点心思给他做既放心又好吃的饭菜。留心看看周围，经常会发现有人自己做上班吃的便当，有人在家工作时为自己制作便当，还有人给住在附近的父母和公公婆婆送便当，很多人都因为各种情况和原因而开始自己制作便当。

不论是孩子的便当，还是丈夫的便当，只要用心去做的话，一定能够让他们感受到自己的心思。这里面饱含了对家人的爱，以及培养孩子们良好饮食习惯的重要信息。小小的便当盒可以成为家人之间的亲情纽带。如果我制作的每日便当，能够对自己与所爱的家人起一点作用的话，我会感到非常高兴的。

适合做便当的菜式
基本都是固定的。

做便当最基本的原则就是：便当里的菜就算凉了也要很好吃。至于味道，要以比较下饭的甜辣味、咸味、酸味为主。其中我觉得比较好吃的有油炸类、红烧类、水煮类，另外还有加入醋味菜肴、蛋黄酱等的便当。菜式品种比较少的时候会尽量以这几类为中心，另在缝隙中放一些外面买来的简单菜肴、即食蔬菜等，就会变成荤素搭配合理，营养有机平衡的便当。

一边想着打开盖子时的那份快乐心情
一边装盒子。

如果把饭和菜装得不留空隙，就不会因颠簸而偏向一边。话虽如此，如果装得满满当当的话，便当的风味就会大打折扣，所以请选择刚好能够装下用餐人正常食量饭菜的便当盒。在分隔菜品的时候，我经常利用沙拉蔬菜的内侧部分，弄成杯子形状，里面放上微温的菜一起装盒。这样色彩鲜艳，可以起到装饰作用，而且能够刚好吃掉，避免浪费。酸橘或者柠檬不论是加在肉、鱼还是蔬菜上面都非常合适，所以我经常会加一点。

启浪

栗原晴美的每日便当

[日]栗原晴美 著
凌文桦 译

廣東旅游出版社
GUANGDONG TRAVEL & TOURISM PRESS
中国·广州

我想要变换品目和组合，
做出自己风格的便当。

在这本书当中，首先我将尽量介绍一些菜品数量较少的便当做法。后半部分会有 4 ～ 5 个种类菜品的便当登场，但也不用完全按照书上的介绍来做。如果每天都要做便当，想要方便快捷一点的话，可以减少到每次 2 ～ 3 个品种，按照自己喜欢的方式进行组合，制作出自己风格的便当。上面照片里的便当是生姜烧肉和常见的土豆沙拉，缝隙里放了烧鳕鱼子、凉拌菠菜、咸菜，上面撒了不同种类的拌饭料。

便当的菜谱也非常适合
用餐人数比较少的时候。

想用冰箱里剩余的材料来做点菜，或者是想集中做一些可以长时间保存的常备菜时，可以使用非常方便的调料汁或酱汁，即使量比较少也能制作出味道浓厚的菜肴。制作便当的技巧，对于日常的烹饪也是不错的参考。尤其现在小家庭越来越多，对于那些马上要开始新生活的年轻人，以及像我这样重新享受夫妻二人世界的人，分量较少的便当菜谱会更贴近日常生活。

目录

1

想利用有限的材料，做点简单轻便便当的日子

10 叉烧便当
12 沙拉意大利面便当
14 嫩煎猪肉便当
16 龙田炸鸡胸肉便当
18 西班牙风味煎蛋便当
22 土豆沙拉便当
24 胡萝卜金枪鱼沙拉便当
26 蔬菜墨鱼天妇罗便当
28 一口吞油豆腐便当

2

可以利用前一天剩菜的日子

34 炸鸡→甜醋挂浆炸鸡块便当
38 酱烧汉堡肉饼→英式肉蛋卷便当
42 炸猪排→猪排盖饭便当

3

决定好主要菜品的日子

50 生姜烧猪肉便当
52 筑前煮便当
54 肉卷蔬菜便当
56 味噌腌银鳕鱼便当

4

肉松爱好者的便当

66 鸡肉松三色便当
70 混合肉松便当
73 辣酱油肉松
74 青花鱼肉松便当
77 鲷鱼肉松

5

米饭担当主角的日子

82 蛋包饭便当
84 黑豆饭便当
88 咖喱炒饭便当
90 糯米红豆饭便当
92 油豆腐寿司饭便当

6

便当的经典三明治

98 金枪鱼三明治
99 酸黄瓜
100 鸡蛋三明治
101 牛油果香蕉酸奶三明治
102 炸猪排三明治
103 热狗

专 栏

1 直接放入缝隙的菜品 30
2 可以提前做好的事 46
3 间隙里的蔬菜小菜 60
4 想放入便当里的东西 78
5 各种美味的饭团 94
6 常备蔬菜 104
7 一起来做便当袋子吧 106

关于便当的回忆

❶ 孩子的心情 32
❷ 考试时带的便当 48
❸ 迷你平底锅 64
❹ 妈妈的便当盒 80
❺ 坚持的秘诀 96

后 记 108
食材料理索引 110

使用说明

*料理的单位，1平杯是200ml，1大匙是15ml，1小匙是5ml。

*微波炉的加热时间，是以输出功率600瓦的微波炉为例的。
如果是500瓦的机型的话，加热时间延长到书上记载时间的1.2倍，如果是700瓦的机型的话，按照0.8倍来换算时间。

*所谓的“适量”，是指可以添加您所喜欢的量。如果是写着“适宜”，意思是不用准备这种材料也没关系。

1

想利用有限的材料，做点简单轻便便当的日子

早晨没有太多时间，家里存的食材也非常有限。
这种时候可以利用现有的材料做点简单轻便的便当吧？
为了不因为菜的种类少而让便当显得很单薄，我会在切工和装盒上稍微下点功夫，
这样就会让便当里的食物显得比较有存在感，不那么单薄寂寞。

叉烧便当

用身边的调味料就能做出浓厚的味道，家庭版简易叉烧。将少量的肉煎熟，切成稍大的滚刀块。装盘的时候将肉盖在菠菜和炒鸡蛋上面，大碗盖浇饭就做成啦。

简单叉烧

材料（易于制作的分量）

猪里脊肉块 100～120g　A(酱油 1 大匙　蚝油 1 小匙　绍兴酒 1 小匙　砂糖 2 小匙　味增 ½ 小匙)　色拉油少许

做法

1　提前将猪肉从冰箱中取出解冻。

2　把 A 的材料进行充分混合。

3　在小平底锅中加热色拉油，猪肉切成 2 等份后用大火将表面充分煎熟。煎 5～6 分钟至八分熟后关火，暂时将猪肉取出。

4　平底锅煎出的油脂如果较多，稍微拭去一些。锅里加入 2 煮沸，重新加入猪肉稍微煮入味。

5　取出猪肉，等余热消散后切成 2cm 的块，淋上剩下的酱料。

炒鸡蛋

材料（1 人份）

鸡蛋 1 个　砂糖 1～2 小匙　盐少许　色拉油少许

做法

1　在碗中将鸡蛋打散调和，加入砂糖、盐充分混合。

2　在平底锅中加热色拉油并倒入 1，一边用筷子搅拌一边打散成差不多大小炒熟。

*　因为鸡蛋一旦火候太过就会变硬，所以要注意一下。尤其是量少的情况，有余热更加容易过熟。炒好要立即转移到别的容器里冷却。

微波炉菠菜

材料（1 人份）

菠菜 60g　香松、芝麻酱汁（参考第 63 页）等适量

做法

1　菠菜切成 3cm 长的段，保鲜膜展开后包好放入微波炉中加热约 50 秒。用冷水冲凉，再充分挤出水分。

2　吃的时候撒上香松和芝麻酱。

*　蔬菜虽然是作为配角的菜肴，但是也是重要的一道菜。将菠菜放入便当之前要再一次挤出水分。

into a lunch box

在便当盒中放入米饭，适当撒上些紫菜末，再一次挤出菠菜的水分后把菠菜盖上去。铺上炒鸡蛋，在上面放上简易叉烧。为了可以更好地享受微波炉菠菜的美味，可以适当加上些香松和芝麻酱。

沙拉意大利面便当

炒沙拉意大利面是兼具了菜肴与轻主食特色的一道菜品。

吃的时候几乎完全没有酸味，只有清爽的美味。

食量大的话可以再加2、3个小饭团。

炒沙拉意大利面

材料（1 人份）

小香肠 2 根　绿芦笋 1 根　卷心菜 1 片　小番茄 4 个　意大利面 50g　鸡蛋 1 个　色拉油适量　鸡精少许　醋 1 大匙　盐、胡椒粉各适量　酱油适量

做法

1　小香肠 1 根斜切为 4 等份。芦笋去掉根部坚硬的部分和表皮，斜切成 1cm 宽的小丁。卷心菜切成 3 ～ 4cm 的块。小番茄摘掉蒂，横切成两半。

2　意大利面对折，参考包装袋的说明煮熟到浮起，充分去除水分，放入碗中， 趁热加入鸡精、醋混合。

3　在平底锅中加热色拉油，炒制小香肠。顺次加入芦笋、卷心菜一起炒。稍微撒些盐、胡椒粉，关火。

4　趁 3 还热的时候倒入 2 的碗中，与意大利面一起。

5　在 4 中加入小番茄轻轻混合，加入盐、胡椒粉调味。

6　在平底锅中加热色拉油，打入鸡蛋，两面都要煎熟。

7　将 5 盛入便当中，盖上煎好的荷包蛋，依喜好添加酱油、盐、胡椒粉。

＊　放入便当的荷包蛋要避免半熟，中间也要煎熟才放心。

一口吞饭团

材料（3 个份）

米饭适量　喜欢的香松（撒在便当上的小食品）适量

做法

1　捏制小饭团，一面撒满香松。

＊　这里撒的是市面上卖的海苔木鱼末、杂鱼碎萝卜干这两种香松。带上一小袋，吃的时候撒上也行。

into a lunch box

在第一个便当盒中，将炒沙拉意大利面一边均匀铺开一边往里装，放上煎荷包蛋。另一个便当盒中，放入一口饭团，空隙里适量添加些喜欢的市面上卖的芝士、橘子片、煎荷包蛋用的酱油等。

嫩煎猪肉便当

调味番茄酱和炸猪排酱料中只要加1匙生奶油，猪肉就立刻化身为西餐厅的嫩煎猪肉。再和一同炒制的洋葱一起盖在米饭上，就是正经的主菜了。

嫩煎猪肉

材料（1 人份）

薄切猪里脊（生姜烧用）1 条（50g） 洋葱 ¼ 个 盐、胡椒粉各适量 低筋面粉少许 色拉油 2 小匙 A（番茄酱 2 大匙 炸猪排酱料 1 小匙 生奶油 1 大匙）

做法

1 猪肉切成易于入口的 4 等份。洋葱切成 7～8mm 宽。

2 将 A 混合后放置。

3 猪肉稍微放些盐，撒上胡椒粉，涂上薄薄一层低筋面粉。

4 平底锅中加热一半量的色拉油，炒制洋葱，暂时取出。

5 继续加入 3，煎熟两面。重新放入洋葱，加入 2 的混合调味料稍微煮一会儿。尝尝味道，不够的话再加入盐、胡椒粉调味。

＊ 洋葱切得稍微厚些的话便会有脆爽的口感，十分美味。

烤鳕鱼子、炸番薯球

材料（方便制作的分量）

鳕鱼子 ½ 份（1 份为一条鱼鱼子的量）

炸番薯球 2 个

做法

1 鳕鱼子放在烧烤网或者烤架上，或者用烤箱之类的烤到中间熟透，切成便于食用的大小。

2 在烤 1 的时候，同时也烤上炸番薯球，将表面稍微烤上色。

into a lunch box

装米饭时将便当盒两侧空出来，在米饭上面盖上嫩煎猪肉。两侧的空隙中装入腌信州菜，撒上干木鱼。还有腌胡萝卜、咸烹海带、烤鳕鱼子，酸橘挖出一些果肉后，在当中适当加些炸番薯球、酥脆梅、梅干等。

龙田炸鸡胸肉便当

清淡的鸡胸肉经过龙田炸，吃起来回味也增添了不少。在家作为杂粮饭和黑豆饭的下饭菜就很有人气，再和带有醋味的食物搭配，味道更加美味协调。

龙田炸鸡胸肉

材料（1 条的分量）

鸡胸肉 1 条　A（酱油 ½ 小匙　日式甜料酒 ⅓ 小匙　盐少许　生姜汁少许）淀粉适量 油炸用油适量

做法

1　去掉鸡胸肉的筋，竖着深切一刀。

2　在小容器中混合 A，放入鸡胸肉沾满酱料，放置 5 分钟左右。

3　在鸡胸肉上充分裹满淀粉，加热油后下锅炸，直到中间熟透。

＊　腌制入味时如果有香味酱油（参考第 36 页），在每条鸡胸肉涂上大约 ½ 小匙的量。

拍黄瓜和醋拌裙带菜

材料（1 人份）

甜醋腌拍黄瓜（参考第 105 页）约 ⅓ 根　裙带菜（事先泡发）10g　小干白鱼 1 大匙　甜醋腌菜的汤汁 1 大匙

做法

1　在碗中加入甜醋腌拍黄瓜、切成便于食用的长度的裙带菜、小干白鱼、甜醋腌菜的汤汁。

＊　甜醋腌拍黄瓜是我家的常备菜之一。直接吃，抑或是和别的相搭配着吃都既美味又方便。

煮西蓝花和炒小香肠

材料（方便制作的分量）

西蓝花 4 ～ 5 小朵　小香肠 1 根　盐少许 芥末适量

做法

1　西蓝花分成小朵，在加了盐的热水中煮熟。漏勺捞出，充分去除水汽。

2　平底锅中不放油炒制小香肠，斜切成两半，用牙签串好，依喜好加些芥末。

into a lunch box

在双层的便当盒中的 1 层放入杂粮米饭，撒一些腌制入味的紫苏味腌菜。铺上卷心菜的细丝，放上龙田炸鸡胸肉，空隙中放上梅干。另一层装入煮西蓝花和炒小香肠，配上小番茄。小香肠依喜好加上芥末。分隔的小盒子中放入拍黄瓜和醋味裙带菜，空隙中加些切成了两半的炸番薯球。

西班牙风味煎蛋便当

在层层放有海苔的米饭上，满是夹着蔬菜的西班牙风味煎蛋。这种和洋式的简单混搭便当真是充满了令人怀念的味道，时常都想做一份。

西班牙风味煎蛋

材料（1人份）

鸡蛋2个　火腿1片　青椒1个　洋葱¼个　胡萝卜5cm长　色拉油、盐、胡椒粉各适量　番茄酱、蛋黄酱各适量

做法

1　火腿切成2等份后再切碎成5mm宽的条。青椒对半切开后去掉籽，切成5mm宽。洋葱薄切成2～3mm厚的片。

2　在碗中将鸡蛋打散，稍微放些盐、胡椒粉。

3　在平底锅中加热少量的色拉油，放入1稍微炒一炒，加入盐、胡椒粉。

4　2中加入3轻轻混合。

5　平底锅中放入定量的1大匙色拉油。倒入4，将火调小，待七、八分熟时翻面，将两面煎熟。

＊　直径16cm左右大小的迷你平底锅煎一人份刚好，如果是树脂加工的平底锅就更方便了。

into a lunch box

在便当盒中放入一半量的米饭，撒上些鲣鱼片，再倒入一些酱油，铺上烤海苔后叠上剩下的米饭。西班牙风味煎蛋切成便于食用的大小盖在米饭上，在其他的容器中加些番茄酱和蛋黄酱，依喜好加在煎鸡蛋上。还可适量加些腌信州菜、酥脆梅和酸橘。

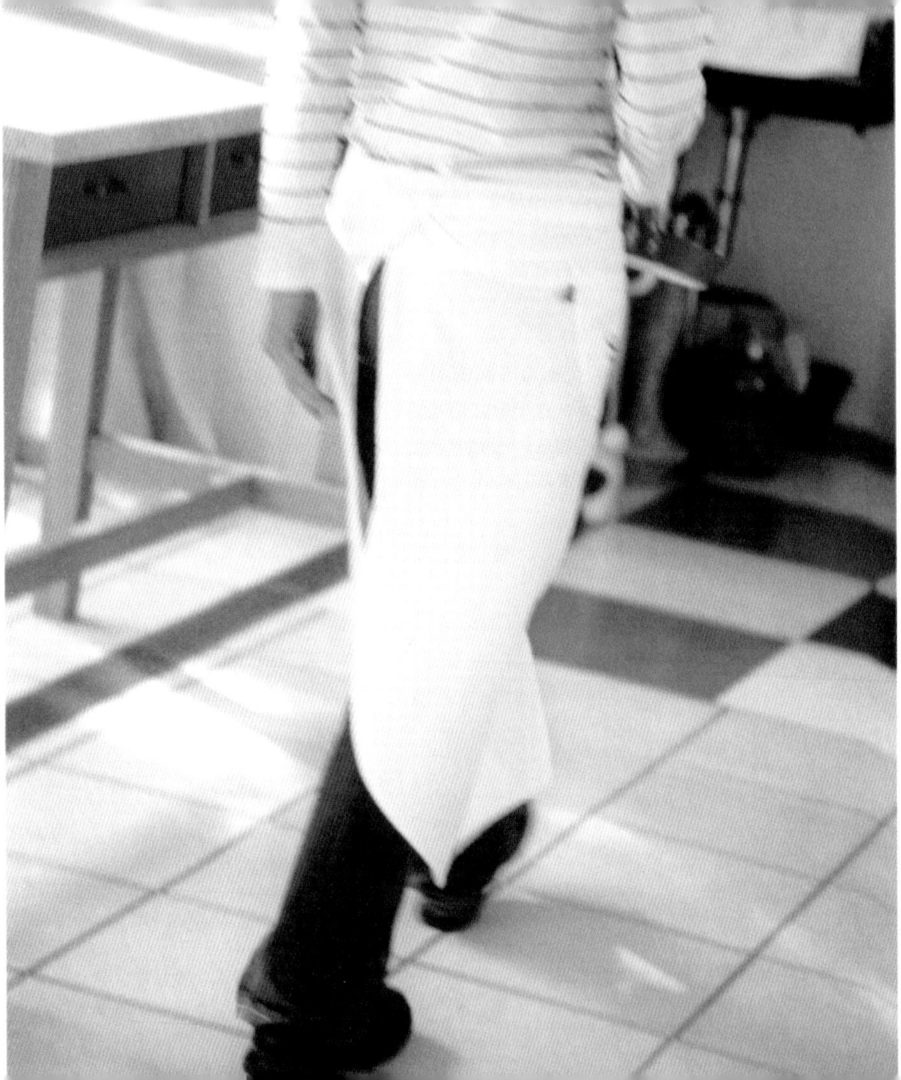

土豆沙拉便当

加入火腿、黄瓜和洋葱的固定款口味虽然不错，但添加了咖喱风味的鸡肉土豆沙拉同样能勾起人的食欲。就算只有这样的一盒也能吃得饱饱的。

鸡肉土豆沙拉

材料（1～2人份）
鸡胸肉¼小块（50g） A（酒½大匙 盐少许） 土豆1个（净重100g） 黄瓜⅓根 芹菜30g 蛋黄酱5大匙 咖喱粉2小匙 鸡精、盐、胡椒粉各少许

做法

1 在锅中加入大约能没过鸡肉的水，煮沸后放入A和鸡肉。再一次煮沸后将火调小，盖上盖子煮5分钟左右。关火，放置冷却。

2 土豆去皮，切成4块置于水中浸泡之后，捞出控干水分。在耐热碗中垫厨房吸水纸并放入土豆，盖上保鲜膜放入微波炉中加热约2分钟。取出厨房吸水纸，趁热轻轻捣碎，撒上鸡精。

3 将黄瓜纵向切成6等份后再切成6～8mm厚的小丁。芹菜去掉筋，切成和黄瓜差不多的大小。

4 将1的鸡肉擦去水分，用手撕成2～3cm的小块。

5 在蛋黄酱中加入咖喱粉，充分混合。

6 待土豆冷却后加入4的鸡肉、3的黄瓜和芹菜，拌入5，加入盐、胡椒粉进行调味。

♣ 在第4～5页提到过的菜谱

原味土豆沙拉

材料（1～2人份）
土豆1个（净重150g） 黄瓜½根 洋葱20g 火腿1片 蛋黄酱3大匙 鸡精少许 盐适量 胡椒粉少许

做法

1 土豆去皮，切成4块置于水中浸泡，把水分控干。在耐热碗中垫好厨房吸水纸并放入土豆，盖上保鲜膜放入微波炉中加热约3分钟。取出厨房吸水纸，趁热轻轻捣碎，撒上鸡精。

2 黄瓜切成5mm厚的小丁，放入碗中撒上少许盐，放置腌渍一会儿后会析出水分。

3 洋葱切成薄片后再切成两半，浸入水中，充分把水控干。火腿切成3等份后切成细丝。

4 土豆冷却后加入2、3，拌入蛋黄酱，加入盐、胡椒粉调味。

into a lunch box

在双层便当盒的其中一层装入鸡肉土豆沙拉，另一层装入烤海苔卷成的盐饭团、喜欢的果酱三明治。在空隙中装入鱼糕、腌渍的壬生菜、炸番薯球和串起来的炒小香肠，适当加一些酸橘。

胡萝卜金枪鱼沙拉便当

这一直是我的菜谱中人气排名前三的沙拉。
那是大约二十几年前，我看到在冰箱里剩了很多的胡萝卜时突然想到的。
对于以沙拉为主菜的便当来说，只要和肉菜进行组合便可完成。

胡萝卜金枪鱼沙拉

材料（4 人份）

胡萝卜 1 根（200g） 洋葱 ¼ 个 细蒜末 1 小匙 金枪鱼罐头 1 小罐 色拉油 1 大匙 A（白葡萄果醋 2 大匙 芥末粒 1 大匙 生抽少许） 柠檬汁适量 盐、胡椒粉各少许

做法

1 胡萝卜去皮，切成 5 ～ 6cm 长的细丝。

2 洋葱和大蒜一起都切成碎末。

3 打开金枪鱼罐头去除汁液。

4 在耐热碗中加入胡萝卜、洋葱和大蒜，倒入色拉油轻轻混合。盖上保鲜膜在微波炉中加热 1 分～ 1 分 20 秒。

5 从微波炉中取出轻轻搅拌混合，顺序加入金枪鱼和 A 并充分混合。最后加入柠檬汁、盐、胡椒粉调味。

＊ 通过微波炉加热使胡萝卜断生是个小窍门，既不是全生的，也不同于煮过的，能使胡萝卜有脆脆的口感。

＊ 若不喜欢大蒜的味道，可酌量少放些蒜末。

烤肉

材料（1 人份）

薄切牛肉 30g 烤肉调料（市场贩卖） 1 ～ 2 大匙 色拉油少许

做法

1 牛肉切成两半。

2 平底锅中倒入色拉油加热，炒熟牛肉。快速加入烤肉调料后关火。

＊ 使用平时喜欢的口味的烤肉调料。

into a lunch box

在双层便当盒的其中一层填满米饭盖上烤肉，淋上平底锅里剩下的调料，撒上芝麻。在空隙中装入适量的紫苏腌菜。另一层装入胡萝卜金枪鱼沙拉。适当添加一些喜欢的小点心作为饭后甜品。

蔬菜墨鱼天妇罗便当

米饭上铺着沾有甜辣酱的天妇罗的盖浇饭便当。

打开盖子的时候味道已经完美地融合，和刚做好的相比更有一种别样的风味。

稍微放点炖鲣鱼块的话会更加下饭。

一口吞蔬菜和墨鱼盖饭

材料（1人份）

放置一夜的墨鱼适量　当季蔬菜（南瓜、胡萝卜、洋葱、扁豆等）总共60～70g　天妇罗粉1½大匙　冷水1大匙　油炸用油适量　盖饭酱汁（高汤2大匙　酱油1大匙　砂糖2小匙　日式甜料酒1小匙）　米饭适量

做法

1　将墨鱼切成2～3cm的块，南瓜、胡萝卜切成5～6mm厚的一口的大小，洋葱切成3cm的块，扁豆一条斜切成3等分。

2　在小碗中放入天妇罗粉、冷水各1大匙并溶解混合，加入1的材料，快速混合，然后把½大匙天妇罗粉均匀地撒在上面。

3　加热油炸用油，将蔬菜和墨鱼一块一块炸好，一定保证里面也炸透。

4　把盖浇饭酱汁的调味料调和后一起用小锅煮开，关火。

5　把炸好的天妇罗放到4里蘸上酱料，摆放在米饭上。根据个人喜好将剩下的盖浇饭酱汁淋上。

*　用冰箱里剩下的一点蔬菜就行，切成小块油炸的话很快就能断生。

炖鲣鱼块

材料（方便制作的分量）

鲣鱼（生）100g　生姜1小片　A（酱油1大匙　日式甜料酒1大匙　酒1大匙　砂糖1小匙）

做法

1　将鲣鱼切成2cm的小块。生姜切成薄片。

2　在小锅中将A调味料调和煮沸，加入鲣鱼和生姜，一直煮到收汁入味。

into a lunch box

在双便当盒的其中一层装入一口蔬菜和墨鱼的盖饭，空隙中装入炖鲣鱼块，在腌渍壬生菜上撒上芝麻、干木鱼。另一层可以适当装入喜欢的芝士、小松饼、果酱三明治、草莓等。

一口吞油豆腐便当

虽然油豆腐店的老板通常会将1块油豆腐分成两等份。但是做便当的话，会将它4等分，做成可以一口吃掉的大小。和三明治组合起来的话，刚好可以做成野餐便当。

一口吞油豆腐饭

材料（8 个的分量）

油豆腐 2 块　A（高汤 ¼ 杯　酱油 ½ 大匙　日式甜料酒 1 大匙　酒 1 大匙　砂糖 1 大匙）　B（高汤 ¼ 杯　酱油 2 小匙　砂糖 1 大匙）　寿司醋（醋 3 大匙　砂糖 2 小匙　盐 ½ 小匙）　米饭 2 餐的量

做法

1　将油豆腐对半切开后像袋子一样打开。用热水去油，用冷水冲洗后轻轻地去除水分，然后再对半切开。

2　在小锅中将 A 调和煮沸，将油豆腐展开放入、盖上盖子小火煮 5 分钟左右。

3　将 B 的调味料调和后加入 2 中，时不时翻动进一步收汁入味。关火，放置使之入味。

4　在小碗中将寿司醋的材料调和，一直搅拌直到砂糖和盐溶解。

5　将温热的饭加入 4 中直接混合，捏成等大的丸子，装入 3 的油豆腐中。

＊　寿司饭的量根据喜好增减，量少的时候可以把豆腐边折起来。油豆腐的袋子角装满寿司饭才能更好地显出形状。

＊　油豆腐去油之后再 4 等分就变得不容易煮坏了。

火腿芝士三明治

材料（1 人份）

火腿 1 片　切片芝士 1 片　黄油适量

枕头面包（切成 10 片）2 片

做法

1　在面包的一面涂上一层薄薄的黄油。

2　在 1 的面包上放上火腿、芝士，再盖上 1 片面包夹成三明治。

3　轻轻地压住然后切掉面包的边，然后切成 4 等份。

into a lunch box

在双层便当盒其中一层装入一口油豆腐饭，空隙中装入鱼糕、紫苏腌黄瓜。另一层放入火腿芝士三明治，空隙中可以适当放入草莓、作为饭后甜品的一口小松饼、喜欢的茶包等。

不用亲自动手，马上就能来一份！

因为适合买来储存，所以非常方便。

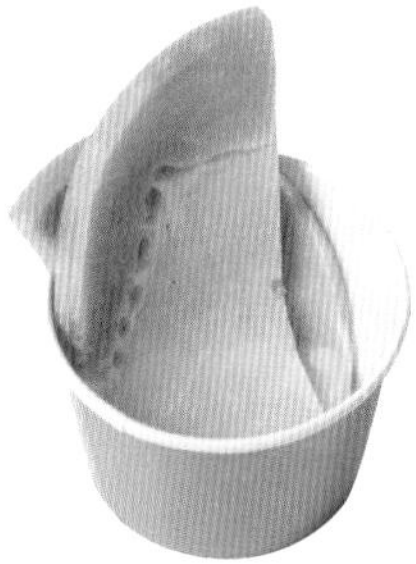

薄切片火腿

烤鳕鱼子、明太子

咸烹蛤蜊

梅干、酥脆梅

炸番薯球

炒小香肠

紫苏腌黄瓜

小型鱼糕

鲑鱼片

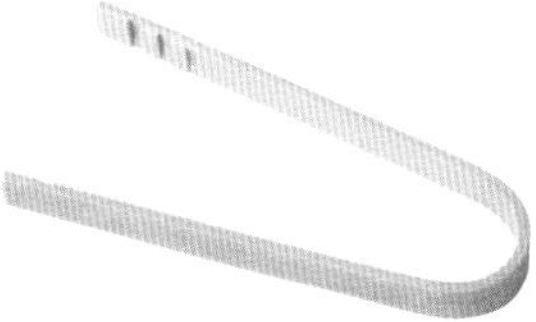

小番茄

小白鱼干

我开始制作孩子的便当，和开始烹饪工作差不多是同一时期。现在回想起来，心里总有点遗憾，如果能更亲力亲为就好了。可是，身在其中的时候，在有限的时间内也是拼尽全力了。不知何时和儿子聊到关于童年的便当的话题时，他说："我觉得那是妈妈在百忙之中费了很大工夫为我做出来的呢。"对于我来说没能好好做而感到后悔的地方，孩子却能用更冷静的眼光看待，认为妈妈不管是工作还是家务都竭尽全力完成了。

2

可以利用前一天剩菜的日子

我家的孩子们常说：

“就算是前一天的剩菜，只要是喜欢吃的，做成今天的便当也能吃。”

在繁忙的时候，这个主意给我们帮了大忙，不过再稍微花点心思的话，

就能让它看不出剩菜的模样，变成一道全新的菜品。

剩下的几个炸鸡块，
第二天用甜醋熬煮挂浆。

在我做的炸鸡块中，这道菜谱的调味和炸制方法都属于相当简单的了。同样也适用于快手菜。为了更好地入味和加热，将鸡肉切成小块，再使用调香酱油进行调味。调香酱油是一款只使用酱油腌制大蒜和生姜就能勾出浓厚滋味的调味酱汁。在面衣上撒满天妇罗粉，炸至酥脆，冷却后也丝毫不失美味。

甜醋挂浆炸鸡块便当

把炸鸡块重新加热，并使用诱人食欲的甜醋来挂浆。增添便当的趣味，再试着加上剩下的胡萝卜，美味恰到好处。将米饭分成小份盖上盖子，两份味道完全不同的便当就完成啦。

炸鸡块

材料（4 人份）

鸡腿肉 2 条（500g） 调香酱油（参考右边）2 大匙 盐少许 天妇罗粉 5 大匙 炸油适量 青柠适量

做法

1 将鸡肉切成 2 ～ 3cm 的方块，放入碗中备用。

2 在 1 中放入调香酱油、盐，搅拌均匀(a)。

3 在 2 中加入 3 大匙天妇罗粉，均匀裹在所有材料上(b)。再撒上 2 大匙天妇罗粉，轻轻地铺匀。

4 热油炸 3，炸至内部熟透（c)。

5 把刚炸好的鸡块盛在准备好的器皿上，将青柠切片或对半切开后伴盘。

方 便 的 调 味 酱 汁

调香酱油

材料和做法（方便制作的分量）

酱油 1 杯，加入切成薄片的大蒜 2 ～ 3 片、削皮后切成薄片的生姜 1 小片。马上即可使用，但将其放入冰箱冷藏 1～2 天可更加入味。

＊ 做好后的酱汁也可用于清炒蔬菜、炒饭、炒面的调味。

a

b

c

甜醋挂浆炸鸡块

材料（1 人份）

炸鸡块（参考第 36 页）3 块　胡萝卜 6cm　A（寿司醋 3 大匙　砂糖 1 大匙　柠檬汁少许）　土豆淀粉、水各 1 小匙

做法

1　将胡萝卜切成 2cm 厚的圆片，平铺，用保鲜膜包好后放入微波炉中加热 1 分钟。用锡纸包住炸鸡块放入烤箱中加热。

2　锅中倒入 A 后起火。煮开后，将土豆淀粉用水化开，倒入勾芡，再放入炸鸡块和胡萝卜，快速沾满芡汁。

＊　可用红辣椒等代替胡萝卜，切好后直接放入勾芡即可。

菠菜芝麻拌菜

材料（1 人份）

菠菜 50g　A（芝麻酱 1 大匙　砂糖、酱油各少许　碎芝麻 1 小匙）

做法

1　菠菜水煮至稍硬后捞出，用冷水滤过后，将水分攥干，切成 2～3cm 长段。

2　将 A 的材料倒入碗中搅拌，把菠菜的水分再次沥干后加入，充分拌匀。

＊　调味时，如果手边有芝麻酱汁（参考第 63 页），可加入约 2 大匙充分搅拌来代替 A，更加节省时间。

芝士焗竹轮卷

材料（2 个份）

竹轮卷（粗）3～4cm 长　蛋黄酱 1 小匙　比萨用芝士 10g

做法

1　把竹轮卷纵向切成两半，内侧涂上蛋黄酱，再撒上切碎后的比萨用芝士。

2　烤箱预热后，放入材料烤至芝士融化。

into a lunch box

在双层便当盒中分别盛好一半分量的杂粮饭，一层放入甜醋挂浆炸鸡块和菠菜芝麻拌菜，米饭上用青梅点缀。另一层以适量的切丝卷心菜铺底，摆好芝士焗竹轮卷，米饭上撒上适量海苔碎。

把酱烧汉堡肉饼中的一部分
换成肉蛋卷的话，
就会变成一道充满创意的
新菜品。

使用手工制作的炖煮酱汁来炖煮表面烤上色后的汉堡肉饼，不用过于担心火候，做好的成品仍是鲜嫩多汁。将一起炖煮的蔬菜直接作为配菜使用。非常适合下饭，我家经常像吃咖喱那样直接盖在饭上吃。汉堡肉饼中的肉饼是用准备好的牛绞肉和猪绞肉混合制成的，这样可以更好地掌握脂肪等成份的配比，非常推荐。

英式肉蛋卷便当

切口处吸引人目光的肉蛋卷，放在便当里更是一道美味佳肴。使用前些天多分出来的汉堡肉饼来制作的话，也不用费太大工夫。也可以把煮油炸豆腐皮和羊栖菜这道煮菜变成两道配菜，非常方便。

酱烧汉堡肉饼

材料（4 人份）

汉堡肉饼［牛绞肉（细绞）200g　猪绞肉（细绞）200g　洋葱 ½ 个　鸡蛋 1 个　面包糠、牛奶各 3 大匙　盐 ⅓ 匙　胡椒粉少许］　土豆 4 小个　胡萝卜 1 根　香菇 1 盒　西蓝花 1 小颗　汤底（水 ½ 杯　颗粒汤宝 ½ 小匙）　色拉油少许　红酒 ½ 杯　手工炖煮酱汁（参考第 41 页）1 杯　香叶 1 片　盐、胡椒粉各少许

a

b

做法

1　制作汉堡肉饼。洋葱切成 1cm 的方块。将牛奶倒入面包糠中。在碗中倒入绞肉、洋葱、鸡蛋、泡好的面包糠、盐、胡椒粉，并充分搅拌。

2　土豆削皮后切半，用水洗过后沥干。胡萝卜削皮，切成 2cm 厚的圆片再对半切成半月形。把香菇的根部去掉。将西蓝花掰成小朵，煮至稍硬后过冷水，沥干水分。

3　在锅中煮开汤底，放入土豆和胡萝卜，开锅后加入西蓝花，盖上盖子煮至蔬菜八分软。

4　将 1 等分后捏成团，平底锅加热后涂抹色拉油，将肉饼煎至表面焦香。均匀地淋上红酒，挥发酒精。

5　3 的锅中加入香菇、手工炖煮酱汁煮开，把 4 的汉堡肉饼连同烧烤汁移到锅内（a、b）。

6　稍煮片刻入味后加入西蓝花、盐、胡椒粉调味。

＊　也可使用市面销售的炖煮酱汁 1 罐代替手工炖煮（290g），待肉饼煮好后再加番茄酱 2～3 大匙、英国辣酱油 1～2 小匙、盐、胡椒粉各少许调味。

＊　肉饼只要正常成型的话就可以做成美味的汉堡肉饼。

手工炖煮酱汁

材料和做法(约4杯份)

1 在深口平底锅内放入100g黄油，融化后倒入低筋面粉100g，小火慢炒(a)。

2 炒至炒出香味、呈茶褐色、清爽不黏的酱汁状态。

3 在2中少量多次加入半杯红酒并搅拌，加入番茄酱250～300ml、英国辣酱油2大匙、猪排酱3～4大匙、汤底(使用开水3杯溶入颗粒汤宝1大匙制成)、香叶2片继续炖煮。

4 出现结块的话取出即可，不时搅拌，小火10分钟左右熬干(b)，撒入盐、胡椒各少许。

＊ 也可用于炖牛肉、肉酱。

a

b

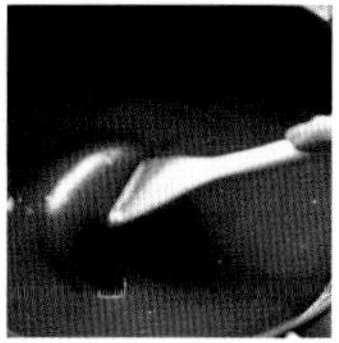

鹌鹑蛋的肉蛋卷

材料（2个份）

汉堡肉饼（参考第40页）100g　鹌鹑蛋（煮至偏硬）2个　低筋面粉、蛋液、面包糠各适量　炸油适量　番茄酱、酱汁各适量

做法

1 鹌鹑蛋剥壳，裹上低筋面粉。将生汉堡肉饼等分后捏扁，放上鹌鹑蛋，尽量使汉堡肉以均匀厚度包住鹌鹑蛋。

2 按照低筋面粉、蛋液、面包糠的顺序裹上面衣，热油后放入炸至内部熟透。

3 散热后切成两半，加上番茄酱和喜欢的酱汁。

煮油炸豆腐皮和羊栖菜

材料（方便制作的分量）

油炸豆腐皮1张　羊栖菜芽（干）10g　胡萝卜30g　汤汁½杯　A（酱油、味淋各2大匙　砂糖、酒各1大匙）　碎芝麻适量

做法

1 油炸豆腐皮去油，切成4等份。羊栖菜洗净后泡开，沥干水分。胡萝卜削皮，切成细丝。

2 小锅中加入汤汁和A的调味料，煮开后放入油炸豆腐皮。稍等片刻煮入味后，取出油炸豆腐皮。

3 放入羊栖菜和胡萝卜，不时搅拌煮至汤汁快收干为止。关火，撒入碎芝麻。

＊ 切成大块的油炸豆腐皮也可包住米饭做成油豆腐包饭。煮羊栖菜拌在饭里也很好吃。

into a lunch box

在便当盒中放入杂粮米饭，把鹌鹑蛋的肉蛋卷切成2等份，露出切口面装入盒内，淋上番茄酱或者酱汁。把煮油炸豆腐皮和羊栖菜分开放入，空隙处摆上黄瓜酱菜。

炸多了的炸猪排，
第二天，
煮成甜辣风味，
再用鸡蛋蛋液浇汁。

说到猪肉，肥瘦正好的里脊肉在我家备受喜爱。当然炸猪排也经常用厚片的猪里脊肉。切开刚炸好的猪排，放上盛得满满的卷心菜丝，主菜就做好啦。放入口中，面衣酥脆，内里入味。招待客人的时候，一口猪排也很受欢迎，所以我家冰箱冷冻室里冻了很多大小型号的裹好面衣的猪排。

猪排盖饭便当

家庭炸制的猪排变凉后也没有异味，仍很好吃，所以第二天经常会用高汤快速煮一下，再用蛋液浇汁，做成猪排饭。做便当时，把凝结的蛋液烧至内部熟透，放至中午也可放心食用。

炸猪排

材料（4 人份）

猪里脊肉（2cm 厚切片）4 片　盐、胡椒粉各少许　低筋面粉、蛋液、面包糠各适量　炸油适量　卷心菜丝适量　日式辣椒、喜欢的酱汁各适量

做法

1 提前从冷藏室取出猪肉。

2 把卷心菜切细丝，放入冰水中产生松脆的口感，沥干水分后，放入冷藏室冷却。

3 为了防止猪肉发生弯曲，沿着肉的肌理划几刀（a），撒上盐、胡椒粉少许。

4 均匀地沾上低筋面粉后（b），将整块猪肉裹上蛋液（c），再按压使其沾上尽可能多的面包糠（d）。

5 热油下锅炸至酥脆、内部熟透。期间，将猪排捞出油锅（e），回锅再炸一次，可产生更加酥脆的口感。

6 捞出后放在滤网上滤掉多余的油分，切成方便食用的大小。

7 器皿里盛好卷心菜，放上炸猪排，再摆上日式辣椒，淋上喜欢的酱汁即可。

＊ 制作一口猪排时，将猪肉切成较大的一口大小，同样裹好面衣。也同样适用于炸猪排三明治等。

a

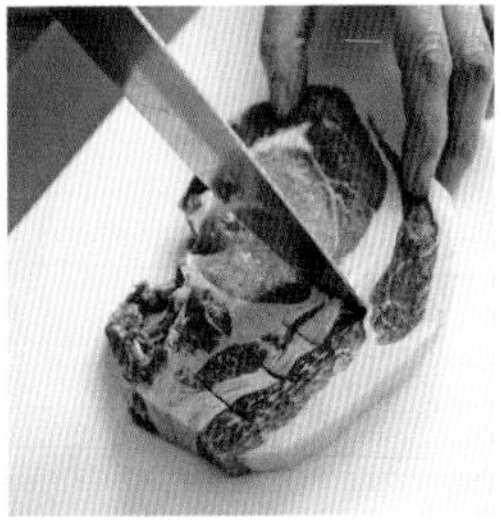

b

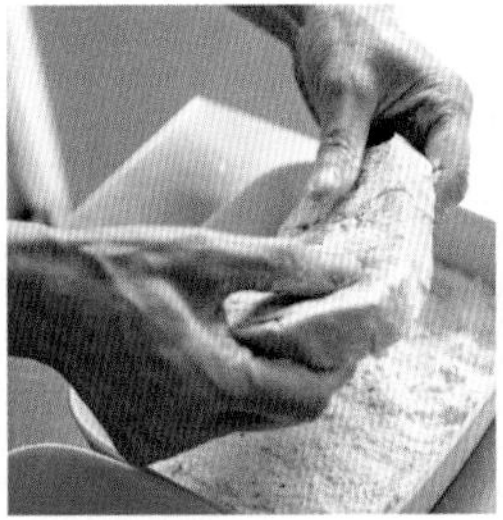

c

d

e

浇汁蛋液炸猪排

材料（1 人份）

炸猪排 ⅓ 片　洋葱 ¼ 个　鸡蛋 1 个　高汤 ¼ 杯　A（酱油 1 大匙　味淋 ½ 大匙　砂糖 1 大匙）

做法

1　将炸猪排切成易食用的大小。洋葱按 3 ～ 4mm 厚度切成薄片。

2　将鸡蛋打散。

3　锅中倒入高汤和 A，起火，加入洋葱后稍煮一会儿。

4　加入炸猪排，稍煮一会儿。

5　淋上蛋液，盖上盖子煮 1 ～ 2 分钟至加热熟透。

＊　如果有鸭儿芹的话可放在做好的菜品上，稍经加热后香味更甚。

盐烤鲣鱼

材料（1 人份）

鲣鱼（刺身用）2 片　盐少许

做法

1　鲣鱼两面抹盐。

2　加热烤网，放上 1 后充分烤制两面。

＊　料理切片鱼肉时，将 1 片切成 2 ～ 3 等份使用。马鲛鱼或鲭鱼用同样方法的盐烤后也很好吃。

豆角柴鱼花

材料（1 人份）

圆豆角 30g　柴鱼花 1 小袋（3g）　酱油适量

做法

1　圆豆角摘筋，斜切为 3 等份后焯水。过冷水后，沥干水分。

2　碗中加入 1，撒上柴鱼花，淋上酱油。

into a lunch box

在双层便当盒的一层中装好米饭，将浇汁蛋液炸猪排放在米饭上，空隙处摆好适量红姜。另一层盛上盐烧鲣鱼，隔层里放入豆角柴鱼花。空隙处可摆上甜醋拍黄瓜（参考第 105 页）、青柠。

每件都是小事，但坚持做下去，
每天都会变得轻松。

切好材料

早上要在有限的时间内做好便当，可以在做晚饭的期间洗好、切好材料，单这一点养成习惯之后，早上就会轻松很多。比如做蛋包饭的话，先切好鸡肉、青椒、洋葱，用保鲜膜包好放入冰箱冷藏室，第二天早上就能直接开始炒了。酱腌肉或者鱼也可在前一天用酱汁提前腌好，早上直接烤制即可。

将材料分小份冷冻

生姜烧肉用的是薄片肉 2 ～ 3 片，筑前煮用的是鸡肉 ¼ 片，高野豆腐的肉馅用的是绞肉 50g，其实做一次便当用的肉量非常少。针对这点，可将材料分成小份，尽量包得薄些冷冻保存。1 片切片鲑鱼也可切成 2 ～ 3 等份，这样更容易加热熟透，也更容易摆在空隙处。在我家的煮菜中大显身手的炸鱼饼，也是分成一块块冷冻保存的。

小菜分开装盒保存

比如炒牛蒡丝或油炸甜煮菜、南瓜沙拉等解冻后味道没有什么变化的小菜，可以装入硅制等可冷冻的分装盒内冷冻保存。早上，想再添一道菜的时候把它们放进便当盒里，到了中午正好解冻完，就可以吃了。也可代替保冷剂来使用。不过为了不流失手工制作的风味，要尽早用完。

油炸食物裹好面衣冷冻存放

便当用油炸食物的存放窍门是，可以把它做成 1 口或 2 口的大小。裹好包括面包糠在内的所有面衣后，放进存放袋中冷冻，用的时候需要炸多少解冻多少。因为解冻后的食物比冷冻的食物油炸时间更短，可以在前一天晚上把食物从冰箱里拿出来自然解冻后再使用。量少的话用小锅炸就足够了。有空的时候，将油炸食物大量冷冻保存的话，平时做饭时也能派上用场。

做好调味酱汁

百搭的手工调味酱汁，不仅平时做饭时非常实用，做便当时也可以大显身手。比如用于纳豆或鸡蛋拌饭的万能海带酱油。把它淋在焯好的菠菜上简单拌一下，沥干水分后撒上碎芝麻或柴鱼花，一道没有多余水分的凉拌菜就完成了。和材料拌好即可食用的芝麻酱，能将西蓝花或豆角等做成芝麻风味，使用起来也非常方便。

我儿子至今回想起当年考试的时候带的便当，都会笑着说："总觉得和平时不太一样呀"。当时为了图个吉利，做了代表好运的炸猪排盖饭。把前几天参加婚礼时偶然拿到的回礼——羊羹，切成小块摆在空隙处，还放了祝寿的祝筷。这是因为考虑到吃点甜品可以让人提起精神，祝筷 * 又有庆祝的寓意。当时的我，应该是想让他在打开便当盒的时候，能稍微笑一笑，缓解一下紧张的心情吧。他本人好像是苦笑来着，不过在看到考试结果之后，就知道它确实是起了作用的。

* 注：祝筷，是日本正月和喜庆的日子使用的筷子。在日本，新年前三天，人们都是用同一双祝筷用餐的。祝筷两头都很细，有"与年神一起进餐"的含义，一头自己用，一头给神用。此外祝筷的木材是柳木，古人认为，柳树是神仙居住的树。

3

决定好主要菜品的日子

虽然有些时候我们会根据家人的要求来决定主要菜品，
但是也有些时候需要根据冰箱里面的肉、鱼和蔬菜等做出决定。
煮菜和味噌腌鱼应该在晚上准备好。
生姜烧猪肉等料理就要早上做，早早地把肉菜端出来，
这样可以更好地完成准备过程。

生姜烧猪肉便当

由于生姜烧猪肉里面的猪肉在酱汁里热久了肉质就会变硬，所以我一般都会在裹上酱汁之后就马上快速加热。

制作以肉为主的便当，需要充分意识到蔬菜类小菜的重要性，多放一些在里面。

生姜烧猪肉

材料（1人份）

切薄的猪肩肉2～3片　酱油、味淋各1大匙　碎生姜1小匙　色拉油适量

做法

1 猪肉要提前从冰箱拿出来。

2 用酱油、味淋、碎生姜制作酱汁。

3 加热平底锅，加入较多色拉油加热。将猪肉一片一片展开放入，淋上酱汁使之入味之后将两面炸至金黄。

＊ 虽然将肉摆在便当的饭上是比较常见的做法，但是若将青菜（参考第62页）或细切卷心菜、海苔等隔在肉和饭之间，就可以使饭不沾到肉的油脂。

炸干贝

材料（8个份）

干贝柱8个　青紫苏4片　盐、胡椒粉各少许　低筋面粉、全蛋、面包屑各少许　食用油适量

做法

1 横切干贝，每个里夹入½的青紫苏。

2 撒上少许盐、胡椒粉，按照低筋面粉、全蛋、面包屑的顺序裹上面衣。

3 加热食用油，把2炸至酥脆。

＊ 若做好了需要冷藏，则不需夹青紫苏，直接裹面衣炸过之后即可保存。

浅腌菜花和盐昆布

材料（方便制作的分量）

两把菜花（净重300g）　盐少许　盐昆布15g

做法

1 菜花切去过硬的根部，竖着分成3等份。

2 将1放入沸腾的热水中，煮至发硬后浸入冷水，最后去除水汽。

3 将菜花和盐昆布放入腌制用的容器中，加上重量放入冰箱一晚。

＊ 放入冰箱的可食用时间约为2～3天。趁着菜花的绿色还比较鲜艳的时候赶紧吃完吧。

into a lunch box

在便当盒中放入杂粮饭，上面放上炒青菜，再放上猪肉生姜烧。用沙拉作收尾，塞入南瓜沙拉、腌竹笋，铺上卷心菜，再将炸贝柱插上牙签放在上面，在间隙中放入适量去水的菜花和盐昆布、一片烤鳕鱼子、腌红萝卜。

筑前煮便当

以煮菜为主的便当推荐使用入味浓厚的筑前煮。
香浓的甜辣味在变冷后便会味道浓郁，变为优良的便当小菜。
提前一天煮好，第二天只要加热放入便当即可，非常简单。

筑前煮

材料（方便制作的分量）

鸡腿肉¼片（70g） 牛蒡70g 胡萝卜（切细）60g 莲藕100g 魔芋½片（120g） 色拉油少许 A（汤汁¼杯 酱油、味淋各2大匙 砂糖1大匙）

做法

1 鸡肉切成1.5～2cm的小块。牛蒡去皮斜切成7～8mm的片状过水，然后好好地去除水汽。胡萝卜去皮，切成7～8mm厚的半月形。魔芋水煮去除腥味，撕成小片。莲藕去皮，切成2cm宽的块，然后过水，最后好好地去除水汽。

2 小锅加入色拉油加热，翻炒鸡肉。鸡肉上色后按顺序加入牛蒡、胡萝卜、魔芋、莲藕翻炒。

3 加入A，沸腾之后去腥，盖上盖煮至收汁。

＊ 在这里介绍的是用于制作便当的少量做法。平时想作为菜肴来制作本料理时需要增加材料用量，加大切块来制造风味。

青豆汁浇欧姆蛋

材料（1人份）

欧姆蛋（鸡蛋1个 盐、胡椒粉、色拉油各少许） 青豌豆浇汁〔青豌豆（冷藏）2大匙 A（汤汁¼杯 味淋1小匙 生抽½小匙 盐少许 砂糖一匙） 淀粉½小匙 水1小匙〕

做法

1 制作青豆浇汁。用热水将青豆解冻，然后去除水汽。在小锅中同A煮沸后，加融水淀粉勾芡。加入青豌豆后关火，拌匀。

2 制作欧姆蛋。打蛋，加入少许盐，胡椒粉。向小锅中加入色拉油烧热，放入蛋液，快速地烧成块状。

3 将2浇上1。

＊ 欧姆蛋放凉之后会变硬，在上面浇上口味清淡的浇汁便可带来厚重而美味的口感。

into a lunch box

在便当盒中放入玄米饭，加入筑前煮，青豆浇汁欧姆蛋。在缝隙中加入甜醋腌（参考第105页），切细的竹轮，再加上撒了芝麻，吸收少许汤汁的菜品，以适量芝麻花椰菜（参考第63页）和1片烤鲑鱼作为陪衬，米饭上加带根鸭儿芹和炒小白鱼干（参考第60页）。

肉卷蔬菜便当

使用火锅肉来包裹牛蒡和胡萝卜，煮制为甜辣口味。

这个配方在制作时将蔬菜整个炖煮，

根据切的手法不同，可以将其用于便当，也可以用于平日的菜肴制作。

牛肉卷牛蒡胡萝卜

材料（可制作 6 根的分量）

牛肉涮锅用牛肉 150g　12cm 长牛蒡 3 根　12cm 长胡萝卜 3 根（细）　汤汁 1 匙　A（酱油 3 大匙　味淋 1 大匙　酒 1 大匙　砂糖 2 大匙）

做法

1　牛蒡去皮，过水水煮去腥。胡萝卜去皮。

2　牛肉展开，分别包裹牛蒡和胡萝卜。由于肉在煮过之后会缩小，所以两端在包裹时要多留 1cm。

3　在锅中加入汤汁和调味料 A 炖煮，加入 2。盖上盖子小火煮 15 ～ 20 分钟，中途需要翻一次。

4　放凉之后，切至容易入口的大小。

醋腌黄瓜粉丝

材料（2 人份）

粉丝（干）10g　黄瓜 ½ 根　盐少许　竹轮 ½ 根　A（醋 ½ 大匙　砂糖 1 小匙　生抽、芝麻油各少许）

做法

1　粉丝热水泡软后切作适合入口的长度。黄瓜切成小块撒盐，待到入味后去除水汽。竹轮切作小块。

2　在碗里将 A 混合，加上 1 后充分搅拌。

鸡蛋烧

材料（1 人份）

鸡蛋 1 个　砂糖 2 小匙　盐、酒、沙拉油各少许

做法

1　在碗中将蛋打散，加入砂糖、盐、酒，充分搅拌。

2　在锅中加入色拉油烧热，倒入 1，大幅度搅拌为叶子的形状。等到放凉之后切为入口大小。

*　由于味道较甜，所以冷却之后口感也十分厚实美味。

into a lunch box

向便当盒中放入饭，做好准备后将牛蒡和胡萝卜的牛肉卷按照切口上下相对的样子放入盒子。根据喜好在鸡蛋烧上涂蛋黄酱。春卷和醋黄瓜由于有湿气，所以要放在隔开的杯子中。间隙里可以加入喜欢的柴渍。米饭撒上海苔、芝麻和小鱼干。也可以添上牛角面包，往里面夹鸡蛋烧来吃。

味噌腌银鳕鱼便当

味噌腌渍是种非常适合便当的做法，配合银鳕鱼、生鲑鱼、贝类等海鲜到猪肉、牛肉、鸡肉，再到黄瓜一类的蔬菜，都能做得非常好吃。中间搭配的青椒塞肉是我女儿最喜欢吃的一道小菜。

味噌腌银鳕鱼

材料（4 人份）

银鳕鱼 2 片　盐少许　味噌汁（在右边提到的味噌汁中加盐两大匙制成）6 ～ 8 大匙

做法

1　将 1 片银鳕鱼切成 3 ～ 4 等份，向两面拍上少许盐后放置在网上约 10 分钟，然后擦去表面的水汽。

2　按照银鳕鱼的数量在展开的保鲜膜上涂 1 大匙味噌汁，然后将银鳕鱼放置其上，包裹起来，使酱汁可以包住整片鱼肉。放入冰箱一整晚。

3　小心地擦去所有的味噌，在烧热的网上烤制，直到内部熟透。

方便的调味酱汁

味噌汁

材料和做法（方便制作的分量）

1　向锅中放入味噌 200g、酒 ¼ 杯、味淋 ½ 杯、砂糖 25g 混合后，用中火熬制。

2　开始沸腾之后转为小火，炖煮 10 分钟，这期间不停搅拌使之不煳锅。

＊　味噌汁在制作日式味噌炒菜、味噌风味火锅的时候使用起来非常便利。由于它便于保存，所以可以一次做几倍的量。想要一次做很多的话，需要加长熬制时间至 20 ～ 30 分钟。

＊　味噌腌渍时若使用味噌汁，就需要像左边那样增加材料，并按照喜好增加砂糖的用量。

金平牛蒡

材料（2 人份）

牛蒡 160g　色拉油 1 大匙　A（酱油 2 大匙　味淋 1 大匙　砂糖 1 大匙）和风汤汁料少许　切细红辣椒适量

做法

1　牛蒡去皮切成 3cm 长的条，过水后去除水汽。

2　向锅中加入色拉油烧热，翻炒牛蒡。加入 A 之后翻炒裹上酱汁，加入汤汁料，根据喜好加入红辣椒。

To next page

青椒塞肉

材料（2个的分量）

青椒1个　肉末50g　A（洋葱碎末1大匙　低筋面粉½小匙　盐、胡椒粉各少许）色拉油少许　番茄沙司（参考右边）1～2大匙　中浓酱汁少许

做法

1　按顺序将A加入肉末，充分搅拌。

2　将青椒纵向切开，去除种子。在内侧轻轻撒上低筋面粉（不在配方内），将1等分之后塞入其中。

3　向小锅加入色拉油，青椒肉以肉面朝下放入，上色后翻面至中间熟透。加上番茄沙司、中浓酱汁之后煮到入味。

＊　想往料理中添加蔬菜的话，可以尝试向肉末中加少许牛蒡碎。

方便的调味酱汁

番茄酱汁

材料和做法（约两杯分量）

1　将洋葱¼个切碎成大块，1片蒜切细。

2　向平底锅加入2大匙橄榄油，翻炒蒜至散发香味后，加入洋葱继续翻炒。将一罐水煮番茄连汤汁一同加入捣烂，适量加入月桂叶、罗勒叶、百里香、牛至等香草，炖煮一段时间。去除香草之后，加入颗粒清汤1小匙，盐、胡椒粉各少许进行调味。

＊　适用于煮番茄、那不勒斯面条的调味，同时还可用作比萨和欧姆蛋的酱汁，可以说十分的便利。

into a lunch box

在便当盒中装入白米饭、味噌腌银鳕鱼、青椒塞肉。使用分割盒来放入辣豆芽菜（参考第105页），在往饭上放金平牛蒡，根据自己的喜好添加柴渍即可。

可以轻松制作的少量料理
放入便当里可以使比例更为平衡。

带根鸭儿芹炒小白鱼干

材料及做法（1～2人份）

1　将鸭儿芹的叶子部分20g切成宽1cm的条。

2　向平底锅中加入少许色拉油加热，加入2匙小白鱼干后翻炒，加入1继续翻炒，加入2小匙酱油之后快速使之裹上酱汁，关火。

3　鲣鱼屑、煸芝麻各加1大匙搅拌。

＊　残留的茎部分的处理参考第105页。

南瓜沙拉

材料和做法（1人份）

1　南瓜两片（净重60g）去除种子和絮，去皮。将培根⅓片切丝。

2　在耐热容器中铺上一次性厨房布，放入南瓜，上面放培根。铺上保鲜膜后在微波炉中加热约1分30秒。

3　去除2的厨房布，轻轻捣碎南瓜。待到冷却之后配上½大匙蛋黄酱，加入少许盐、胡椒粉调味。

蛋黄酱拌菠菜金枪鱼

材料和做法（1 人份）

1 将菠菜 60g 切成 2cm 长，煮过后浸冷水，然后去除水汽。

2 从小罐金枪鱼中取 ¼，去除汤汁。

3 在碗中拌匀 1 与 2，配上 1 大匙蛋黄酱，使用少许盐、胡椒粉调味。

浸豌豆荚

材料及做法（1 人份）

1 豌豆荚 20g 去茎，煮过后浸入冷水，最后去除水汽。

2 放上 1 大匙鲣鱼末，浇万能昆布酱油（参考第 104 页）或者普通酱油少许。

＊ 在绿色蔬菜不足的时候使用起来非常方便。煮过之后用力拧一下豌豆荚，就可以使其中的纤维变软，味道更加容易渗透其中。

使用口感优良的材料和
富有季节感的材料吧。

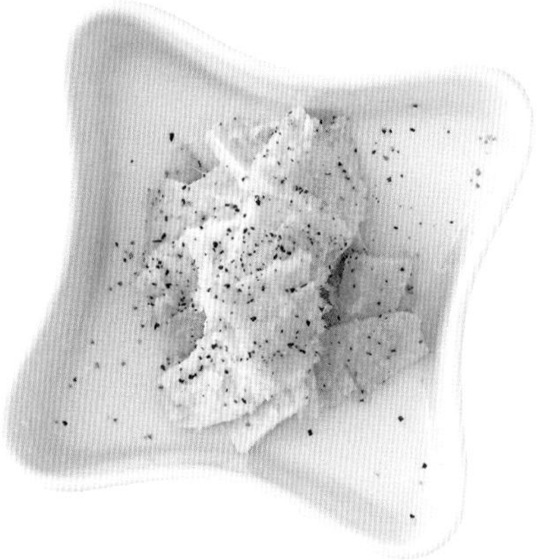

腌竹笋

材料及做法（1 ～ 2 人份）

1 将煮竹笋的前端部分 40g 切片，放入碗中。

2 加入颗粒高汤、橄榄油、胡椒粉、柠檬汁各少许，最后加上意大利干酪碎 1 ～ 2 大匙，再撒上少许胡椒粉。

炒青菜

材料和做法（1 人份）

1 将 2 片青菜按长度 3 等分，再纵向 4 等分。

2 向锅中加入少许色拉油烧热，翻炒 1，再加入少许盐、胡椒粉调味。

＊ 若想做得更加细致些，就先稍稍翻炒青菜茎，然后再加上叶子，这样一来火候就是统一的了。

梅子莲藕

材料及做法（1 人份）

1 将小莲藕 ¼ 节（净重 25g）去皮切作薄薄的银杏叶形，过水后放入滤水容器。用热水烫过后，去除水汽。

2 将梅子肉（拍打干梅肉制成）和酱油各 1 小匙混合，配上 1 的莲藕，混合少量鲣鱼碎。最后用切碎的 1 片青紫苏做点缀。

芝麻花椰菜

材料和做法（1 ～ 2 人份）

1 将花椰菜 50g 分为小朵，切成一口的大小。将其煮过后浸入冷水，去除水汽。

2 在碗中放入 2 大匙芝麻酱汁（参考左边）。再加入 1 大匙熟芝麻、砂糖、酱油各少许、芝麻碎 1 小匙混合。

3 再一次去除 1 的水汽，用 2 作为点缀。

* 芝麻酱汁若一次性做完，不仅可以使用于芝麻拌蔬菜，还可以加入味噌汁和煮菜、醋及豆瓣酱，一同活用于四川风味酱汁。

方便的调味酱汁

芝麻酱汁

材料和做法（可以简单料理的分量）

1 向锅中加入熟芝麻 ½ 杯，再加入砂糖 80g 混合。

2 再按顺序加上酱油 ½ 杯，碎芝麻 1 杯，充分搅拌。

直径16cm的平底锅是制作便当所不可或缺的。照片里面由我制作的氟树脂加工锅是少量煮菜和炒蔬菜、炸料理时必备的重要器具，到了今天，它已经作为便当平底锅成为了一款长期热门单品。前面那个剪影看起来很淡，十分清爽的则是新品。它的形状很恰到好处，适用于制作单人分量的鸡蛋烧，翻炒一两香肠。这是每天都会使用到的器具，所以我尽量使用了漂亮的颜色，这样能让人乐在其中，事半功倍。若是总想着长期保持锅的颜色，那么事后的整理也会逐渐变为生活习惯的一部分。

4

肉松爱好者的便当

松松散散的肉松满含汁液，配上雪白的米饭一起吃是最合适的。
主要材料是肉或者鱼。肉松便当做法简单却花样很多，
不论孩子还是成人都很喜欢。

我家的鸡肉松非常不错，在制作过程中还可以顺便制作美味菜饭。

提前准备好松软多汁的鸡肉松，分成2步过火。因为预先水煮鸡肉松时剩下的鸡肉汁扔掉过于浪费，所以用这些鸡肉汁煮饭，可以让米饭也充满淡淡的香味，搭配上面的鸡肉松吃起来口感也非常好。将这些菜饭和鸡肉松混合起来吃，或是将其做成饭团都无比的美味。在我家，说起鸡肉松菜饭，那就是指这种做法的鸡肉松菜饭，它已经成为我家的固定菜式。

a

b

c

鸡肉松菜饭

材料（4人份）

鸡肉松［鸡肉馅300g　酱汁1杯　A（酱油2大匙　酒1大匙　日式甜料酒1大匙）B（酱油2½大匙～3大匙　砂糖1½大匙　酒1大匙　日式甜料酒1½大匙）］大米2杯　酱汁适量　盐少许

做法

1　将大米淘洗好放入筛子沥水。

2　制作鸡肉松。将适量酱汁与调味料A一起放入锅内、煮沸后放入鸡肉馅，一边搅拌一边继续煮。焯出血水以后将其取出，稍微过火后放入筛子，将肉馅和剩余肉汁分开（a）。

3　在2的剩余肉汁中加入酱汁，直到总量约为2杯（b）后，加入盐。

4　将大米和3一起放入电饭煲，煮饭。

5　将2中的鸡肉馅与调味料B混合均匀后开火煮，一边煮一边不停地用筷子搅拌直至汁液基本收完（c）。关火，不用将鸡肉取出，让其继续在锅内入味。

6　4中的米饭煮好后，将其稍微混合搅拌。按照个人喜好将5中的鸡肉松一起混入搅拌也可以。

鸡肉松三色便当

用鸡肉松剩余肉汁煮出的饭铺满整个便当盒底部，中间加上鸡肉松，左右放上切细的炒鸡蛋以及焯熟的荷兰豆。如果要混合起来吃的话，红姜和海苔丝也是必不可少的。

焯荷兰豆

材料（方便制作的分量）

荷兰豆 100g　盐少许

做法

1 荷兰豆去筋，加入适量的盐，用热水煮熟。

2 过冷水后，尽量沥干水分将荷兰豆斜切丝。

炒鸡蛋

材料（方便制作的分量）

鸡蛋 4 个　砂糖 1½ 大匙～2 大匙　酒 1 大匙　食盐少许

做法

1 将鸡蛋打入大碗，搅拌均匀后加入砂糖、酒、食盐后混合均匀。

2 将 1 中所有材料倒入锅中，开火，一边用 2～3 双筷子快速搅拌一边煎炒。

* 这种做法不用油，细致地煎炒，所以炒出的鸡蛋口感非常清爽。

鸡肉松为主料的三色便当，如果盛了很多的话就会成为三色盖饭。用来招待客人也会大受欢迎。用剩余肉汁煮出的米饭混上鸡肉松或是做成饭团都是极为美味的。也可以根据自己的喜好用烤海苔将其卷起来，或者添加小咸菜一起吃。

into a lunch box

用鸡肉松剩余肉汁煮出的饭铺满整个便当盒底部，中间加上鸡肉松，两侧放上切细的炒鸡蛋以及焯熟的荷兰豆。根据个人喜好，可以加入红姜和海苔丝。在米饭和便当盒中间散乱地放入海苔丝也是极为美味的。

混合肉馅制成的肉松味道超赞。

制作便当时稍施技巧会更方便。

比起鸡肉松，猪肉、牛肉松更美味。或许是因为肉质更香、更甜的原因，就算是少量的猪肉或者牛肉松也更让人感到满足。在此，我们用猪肉、牛肉的混合肉馅制作肉松。而且通过巧用技巧，能够在一个锅内同时制作肉松和咸甜土豆，所以对于准备便当是相当有帮助的。最让人开心的是，做好以后分别装好，就能同时得到两种同样美味的菜肴。

咸甜土豆和肉馅

材料（1人份）

土豆1个（150g） 混合肉馅（50g） 色拉油少许 酱汁2大匙 A（酱油1大匙 日式甜料酒1大匙 砂糖½大匙）

做法

1 将土豆去皮切成2份，再切成6等份后放到水里浸泡，浸泡后尽量去掉水分。

2 在小煎锅里倒入适量色拉油，油热后放入土豆翻炒，充分翻炒后加入混合肉馅一起翻炒，再加入酱汁和调味料A。

3 盖上小锅盖，充分煮至土豆变软、酱汁几乎收尽。

混合肉松便当

将混合肉松和炒鸡蛋叠放在米饭上，再将一起煮好的咸甜土豆单独盛好。爽口的糖渍橘子是上佳的小菜。

味噌腌黄瓜

材料（方便制作的分量）

黄瓜 4 根　盐 2 大匙　味噌酱汁 （参考第 57 页）6 大匙

做法

1 在黄瓜上抹满盐后稍微滚动黄瓜以保持黄瓜的鲜味和颜色，稍微放置一会儿后，迅速地将黄瓜上的盐冲洗干净，并且拭去黄瓜上的水。

2 将 1 中处理过的黄瓜和味噌酱汁一起装入带有拉链的塑料袋中，放入冰箱一晚上，待其入味后将其切成长条以便食用。

* 稍微多做一点可以在平时吃。当腌制过久时可以将其切成薄片或者将其剁碎、混上芝麻或剁碎的绿色紫苏一起吃也很美味。

糖渍橘子

材料（方便制作的分量）

橘子 1 个　砂糖适量

做法

1 将橘肉取出，撒上适量砂糖，放入冰箱一晚，待其入味。

* 稍微不新鲜的橘子经过这样的处理也会变得美味。成人的话加上一点点君度酒会风味更佳。

into a lunch box

在双层便当盒的其中一层装满米饭，放上炒鸡蛋（参考第 11 页），以及咸甜土豆与肉馅中的肉松。再根据个人喜好撒上红姜、海苔碎。在另一层中装入咸甜煮土豆，装到半满，再根据自己喜好加入蛋黄酱，在缝隙中加入味噌渍黄瓜、糖渍橘子、香脆梅干。

♣又一道肉松料理

辣酱油肉松

材料（方便制作的分量）

混合肉馅（粗肉馅）100g　大蒜（蒜末）1瓣分量　色拉油1小匙　英国辣酱油2大匙　炸猪排酱油1大匙

做法

1　在小不粘锅内倒入适量色拉油，加热后翻炒蒜末。翻炒出香味后加入肉馅继续翻炒。

2　肉馅变色后加入英国辣酱油以及炸猪排酱油，一边搅拌一边继续翻炒直至收汁。关火，夹出锅中大蒜。

＊　辣酱油肉松就是西式肉松，使用英国辣酱油和炸猪排酱油使其味道相当浓郁。推荐在米饭上加上卷心菜丝和辣酱油肉松，或是在炸丸子中加入辣酱油肉松，或者将其加入牛肉火锅中食用。

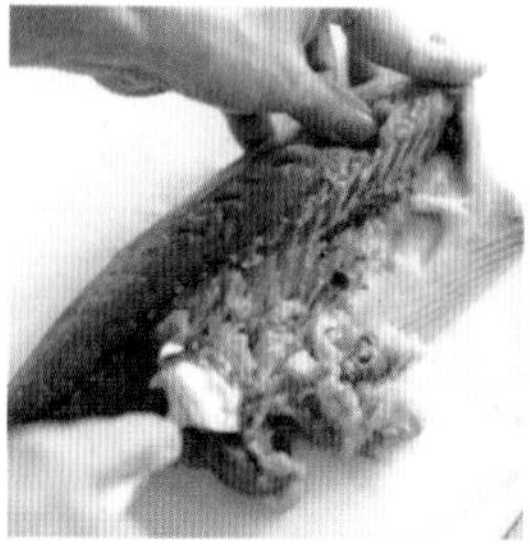
a

b

将鱼肉做成肉松后，

孩子们也很爱吃。

从常见的青花鱼开始，

鱼肉松也渐渐成为我家的常规料理。

在我的娘家，从祖母那一辈开始就经常做竹荚鱼肉松。将鱼肉做成肉松以后，小孩子也能轻松地食用。在我按照记忆，尝试着开始使用常见的青花鱼制作肉松时，我家的孩子们还很小。为了让他们也多吃些蔬菜，我采取了很多方法。用汤勺在青花鱼身上挖出鱼肉，做成比较有趣的形状，既不会产生浪费，而且做法简单，很受大家的欢迎。

青花鱼肉松

材料（4人份）

青花鱼（处理成3份）2片（净重约为200g）　干香菇3～4个　胡萝卜50g　洋葱½个　生姜1片　色拉油1～2大匙　A（酒1大匙　砂糖1～1½大匙　酱油1大匙　日式甜料酒2大匙　味噌½大匙）

做法

1　使用去骨器拔出青花鱼的小骨头，其脊骨两侧的鱼身按照从头到尾的方法，用汤勺挖出鱼肉（a），再用菜刀轻轻拍打。

2　用水将干香菇泡发。

3　将胡萝卜、洋葱切成粗粒。稍微挤干泡发的香菇中的水分，去除香菇根将其切成粗粒。将生姜切碎。

4　在平底锅中加入适量色拉油，烧热后加入1中处理过的青花鱼以及3中的生姜末后进行翻炒。青花鱼散开后加入胡萝卜、洋葱一起翻炒。

5　在步骤4中按顺序加入调味料A（b），不停搅拌继续煮至快要收汁。

青花鱼肉松便当

把腌制得较为入味的青花鱼肉松铺在米饭的上面。再加上甜味鸡蛋卷，或者青菜以及炒过的小香肠，如果再加上腌茄子或者腌黄瓜的话就很完美了。这样的便当是令我百吃不腻、时常垂涎的美味。

小香肠炒菠菜

材料（1 人份）

小香肠 1 根　菠菜 1 棵　色拉油少许

盐、胡椒粉各少许　番茄酱适量

做法

1 将小香肠斜切成两份，菠菜用热水快速地焯一下，再捏出水分，切成 4 ~ 5cm 的小段。

2 向煎锅里倒入少量色拉油，加热后翻炒小香肠。在间隙处快速翻炒一下菠菜，用盐、胡椒粉调味。小香肠中加入番茄汁调味。

鸡蛋卷

材料（1 个份）

鸡蛋 3 个　加糖酱汁（酱汁 ¼ 杯　砂糖 20g　生抽 ½ 小匙　盐少许）　色拉油适量

做法

1 制作加糖酱汁。在温热的酱汁中加入砂糖，让其充分溶解，再加入生抽、盐进行调味。

2 将鸡蛋打入大盆并充分搅拌均匀，加入 1 中材料充分搅拌后过滤。

3 向煎蛋器中倒入适量色拉油后加热，用厨用纸巾将色拉油薄薄地涂满煎蛋器。

4 将 2 中少量蛋液倒入煎蛋器，鸡蛋半熟后迅速将其卷起成鸡蛋芯。如果色拉油不够的话，按照 3 中的方法进行补充，再次倒入少量蛋液，注意让蛋液也延伸到鸡蛋芯下面后再次卷起。重复上述步骤。待其冷却后分切。

* 在鸡蛋卷还未冷却之前用厨用纸巾卷起可以让鸡蛋卷形状更整齐。刚做好的鸡蛋卷可以作为早餐，剩下的部分加入便当中也是不错的选择。

into a lunch box

在便当盒中装上米饭，在上面铺上一层青花鱼肉松。结合便当盒的高度将鸡蛋卷切得便于食用后叠装好，再装上小香肠炒菠菜。缝隙间填入适量腌黄瓜或者腌茄子。根据个人喜好将烤海苔切成细块撒在便当上。

♣又一道鱼肉松料理

鲷鱼肉松

材料（方便制作的分量）

鲷鱼片 2 片（约 200g） 酒 1 大匙 砂糖 2 大匙 生抽 1 大匙 酱油 1 大匙

做法

1 在锅中加入能够完全没过鲷鱼片的水，将其煮沸，加入酒和鲷鱼片，再次煮沸后盖上锅盖，关火后稍微放置，焖一会儿（a）。

2 待鲷鱼内部都断生以后将其取出，去掉皮、骨以及鱼合（鱼肉与鱼皮之间深红色的部分），将鱼肉分解。

3 将分解完的鱼肉放入锅内，使用两双筷子轻轻地搅拌去除鱼肉中的水分。

4 加入砂糖、生抽、酱油，继续用小火搅拌炒至鱼肉变得松松散散（b）。

＊ 这种做法能够完全保留材料本来的颜色。用来做三色便当自不用说，将其放在散寿司饭上，或者用于制作紫菜卷，也都是极为美味的。

a

b

撒在便当上的小食品或者水果、饮料。

偶尔来点小甜点也是非常幸福开心的哦。

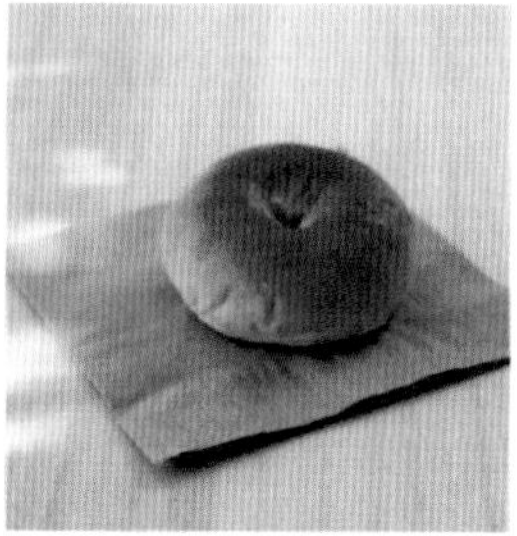

小夹馅面包

玉米片和牛奶

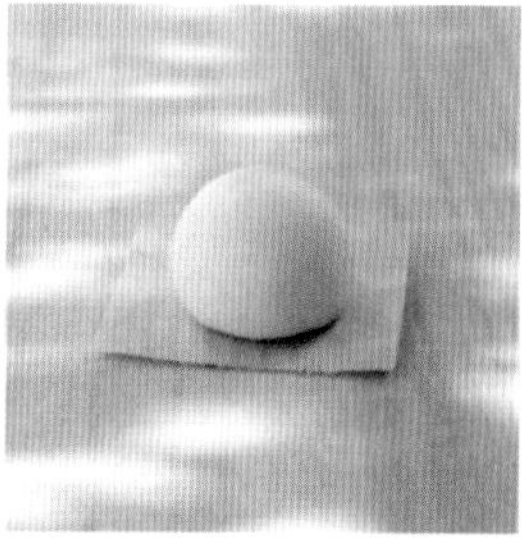

小馒头

帝王香蕉

酸奶

香松

一口羊羹

小块蛋糕

袋装小零食

巧克力

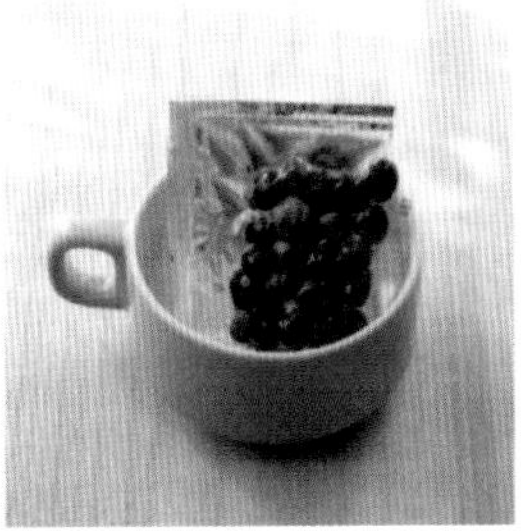

即食味噌汤

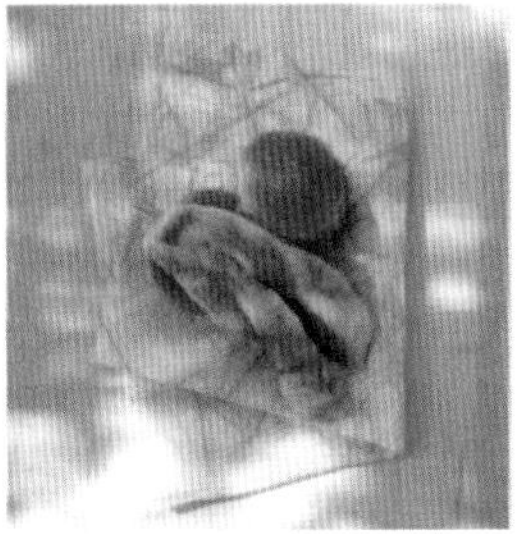

杏干和芒果干

这是从小家人用来喝味噌汤的木漆碗。是我的母亲在全国各地做生意的时候请轮岛的漆匠制作的。虽然这已是半个世纪以前的事情了，但是从包着漆碗的日本纸上的签名来看，这个漆碗应该是被称为昭和名匠的奥田达朗先生的作品。我上高中时使用的小椭圆形的便当盒也是当时的漆碗之一。整体的色系看起来很朴素，但是打开便当盒盖后，里面的米饭以及煮羊栖菜看起来是如此美味诱人。总觉得一直以来我都十分喜欢漆器，就是源自于这个时期的记忆。

5

米饭担当主角的日子

我希望家人能够好好吃午餐。

这样期望的话便当中米饭和配菜的组合自然就会增加。

特别是，仿佛看到了打开米饭作为主角的便当盒盖子时，

带饭人露出欣喜的笑脸。

蛋包饭便当

在家里即食的时候，可以在米饭上盖上煎得比较嫩的鸡蛋，做蛋包饭便当的话，就让火候稍微大一点，把鸡蛋煎透。我非常喜欢打散的鸡蛋与番茄酱米饭混合的味道。

蛋包饭

材料（1 人份）

鸡腿肉 50g　洋葱⅛个（25g）　青椒 1 个　米饭 1 碗　番茄酱适量　鸡蛋 2 个　色拉油 1½ 大匙　盐和胡椒粉各适量

做法

1 把鸡肉切成 1cm 的方块。洋葱、青椒也切成 1cm 的小丁。

2 煎锅内倒入 ½ 大匙色拉油，热锅，翻炒鸡肉，放入少量盐、胡椒粉和洋葱、青椒一起翻炒。

3 再倒入 ½ 大匙色拉油，加入米饭翻炒，加入 1 大匙番茄酱，拌匀，用盐和胡椒粉调味。装入平盘中铺开冷却。

4 在碗中把鸡蛋打散，加少量盐和胡椒粉。煎锅中倒入 ½ 大匙色拉油热过，流动着煎烤两面。

5 把 3 装入容器，4 盖在上面，做几个切口淋上适量的番茄酱。

黄油炒豌豆

材料（方便制作的分量）

豌豆 12 根　黄油小汤匙 1 匙　盐、胡椒粉少许

做法

1 豌豆去筋，加少许盐（分量外）用热水焯一下，置入冷水并沥干。

2 煎锅中预热黄油，迅速翻炒 1，加入盐和胡椒粉调味。

* 带豆荚吃的豌豆，口感有嚼劲，也是菜肴配色的重要的材料。除了用黄油炒之外，和煮土豆搭配用蛋黄酱调味也很美味。

炖羊栖菜和炸鱼肉饼

材料（方便制作的分量）

羊栖菜（干）35g　炸鱼肉饼 2 张（80g）　A（汤汁 ½ 杯　酱油、砂糖、甜料酒各 2 大匙）

做法

1 羊栖菜清洗干净，太长的切成容易吃的长短。炸鱼肉饼切成两段，切成 5mm 宽。

2 在一个小锅里把 A 煮开，加入羊栖菜和炸鱼肉饼，煮到汤汁很少。

3 关火，放置一会儿使其入味。

* 因为在冰箱里可以存放几天，放在一起炖的话可以做成家中常备菜。羊栖菜，与胡萝卜、炸豆腐、魔芋、煮大豆等，都可以适当搭配。

into a lunch box

把蛋包饭装入午餐盒。煎鸡蛋根据饭盒的形状，沿着边缘插入就可以了。使用分隔盒，添加羊栖菜和炸鱼肉饼炖菜，以及切成两半的黄油炒豌豆。

黑豆饭便当

在健康米饭还没有流行起来的时候，黑豆饭就已经是我家的主食了。因为大米和黑米以及炒黑豆混合在一起，所以米饭烧好后就变成了深紫色。配菜选择鱼和肉都很合适，是我喜欢的便当。

黑豆饭

材料（4人份）

大米1½杯　黑米½杯　黑豆½杯　水1½杯　酒1大匙　海带茶1～1½小匙

做法：

1 淘米，放入黑米并进一步清洗，然后放入淘米篮中。

2 迅速冲洗黑豆，沥干水分，用平底锅干炒，直至表面的皮开始裂开。

3 把1的米、一定量的水、酒一起放入电饭煲中，并把2的黑豆放在上面，开始煮饭。

4 饭煮好后，撒入海带茶，轻轻地上下翻动拌匀。

＊ 这个水量煮出来的米饭会有点硬，请根据您的喜好进行调整。

照烧旗鱼

材料（1人份）

切开的旗鱼块（6cm×4cm大）2块　色拉油少许　照烧酱汁（参考右边）1大匙

做法：

1 平底锅中倒入色拉油预热，煎烤旗鱼的两面。

2 加入照烧酱汁，好好涂抹酱汁。

＊ 旗鱼是本身带有油脂、十分美味的鱼。鱼块的话，因为既没有鱼皮也没有鱼骨，所以作为便当切成小块非常简单。

方便的调味酱汁

照烧酱汁

材料与做法（方便制作的分量）

锅中加入½杯酱油、½杯甜料酒、4大匙砂糖，点火煮。煮沸后调小火，煮约15分钟，把汤汁熬干。

To next page

--------→

春笋土佐煮

材料（方便制作的分量）

水煮春笋 1 小个（150g） A（汤汁 ¼ 杯 砂糖 1 大匙多 调料酒、酱油各 1 大匙 酒 ½ 汤匙） 鲣节适量

做法

1 春笋切成 3cm 长的梳子形状。

2 小锅中倒入 A 用小火熬 2 分钟左右，加入春笋，煮至几乎没有汁水，收汁。

3 关火，撒入鲣节。

* 最后一步加入鲣节会吸入多余的汤汁。

* 当新鲜春笋上市的季节，请一定尝试制作并务必煮熟。

煮萝卜干和焯海带

材料（方便制作的分量）

萝卜干（干）40g 胡萝卜 3cm 长 干海带（干）10g 芝麻油 1 大匙汤汁 ½ ～ ¾ 杯 生抽 4 大匙 酒 1 大匙 砂糖 1 大匙 红辣椒 2 根切碎丁

做法

1 萝卜干清洗干净，拧干水分，切成方便食用的大小。干海带清洗干净，沥干水分，太长的话中间切断。胡萝卜切成 3cm 长的细丝。

2 在深一点的煎锅中，加入芝麻油，预热，不停翻炒搅拌萝卜干，加入汤汁。 煮开后，倒入 3 大汤匙生抽、酒和砂糖。中途也把胡萝卜加进去一起煮。

3 加入剩下的生抽拌匀，关火。然后加入焯海带，蘸入汤汁，充分吸收。最后加入红辣椒碎。

* 汤汁的量根据萝卜干的软硬来调节，关火后再加入干海带是好口感的一个小窍门。

into a lunch box

两格的便当盒中，一边装黑豆米饭，空隙里放春笋土佐煮、腌咸菜。另一边铺上沙拉用的生菜，装入照烧旗鱼，附上酸橘片。使用分隔盒，装入煮萝卜干和抄海带，菠菜金枪鱼遇见蛋黄酱（参考第 61 页），脱水芹菜和甜醋腌胡萝卜（参考第 104 页）

咖喱炒饭便当

一打开盖子，咖喱的香味就扑面而来，顿时唤醒了食欲。米饭炒着吃的话即使冷掉了味道也很好，还可以添加好多蔬菜。因为没有放肉，所以可以用酱腌牛肉来取得平衡。

咖喱炒饭

材料（1 人份）

洋葱⅛个　青椒½个　胡萝卜 1cm 长　米饭 1 碗　色拉油 2 小匙　咖喱粉 1～2 小匙　番茄酱 1 小匙　中浓酱汁少许　颗粒汤料、盐、胡椒粉各少许

做法

1　洋葱、青椒切成 1cm 方形，胡萝卜切成 1cm 方形的薄片。

2　煎锅中加入色拉油，预热，依次加入洋葱、胡萝卜、青椒翻炒。

3　加入米饭翻炒之后，撒入咖喱粉翻炒，并加入番茄酱、中浓酱汁调味，用颗粒汤料、盐、胡椒粉再调味。

*　炒饭的话，即使冷掉，米饭也不会变得干干巴巴的，所以也可以使用冷冻米饭加热。

味噌酱腌牛肉

材料（方便制作的分量）

牛排用肉一块　简单的味噌酱汁（3 大匙味噌　味淋 2 小匙　砂糖 2 大匙　酱油些许）

做法

1　在一个小碗里混合简单味噌酱汁的材料。

2　把 1 的味噌酱汁的一半铺在保鲜膜上，放上牛肉，在牛肉上面涂满剩下的味噌酱汁，并包起来。置于冰箱冷藏一晚。

3　擦掉牛肉的味噌酱汁，切成容易食用的大小，放在加热的烤架上，烤牛肉的两面。

*　如果家中有在味噌酱腌银鳕鱼（参考第 57 页）中介绍的味噌酱汁的话，也可以利用。

into a lunch box

两格的便当盒中，一边盛入咖喱炒饭，空隙里放加工奶酪。另一边装入酱腌牛肉，柠檬。使用中空的容器或分隔盒，装入甜醋腌菜花（参考第 105 页），空隙中放适量草莓，填上酸橘。

糯米红豆饭便当

是否还记得用炉子制作美味糯米红豆饭的食谱呢？

红豆饭也非常适合想要表达美好感觉的日子。

再加上我先生喜欢的配菜盐烧马鲛鱼等，就更完美了。

微波糯米红豆饭

材料（轻食 3 碗份）

红豆 40g　糯米 1 杯（约 160g）　煮红豆的汤和水（合计）¾ 杯　黑芝麻盐适量

做法

1　把红豆用充足的水浸泡 4 ～ 5 小时。换水点火，煮沸后转小火，尝尝看，煮到不夹生，但是有一点硬的程度。

2　放入米筛，沥干水分，留下煮豆汤备用。

3　清洗糯米，水中浸泡 15 ～ 20 分钟之后，沥干水分。

4　在大的耐热碗中加入糯米、红豆、煮红豆的汤和水的计量分量。

5　轻轻地盖上保鲜膜，用微波炉加热约 6 分钟。取出后，迅速混合全部，再次盖上保鲜膜，再加热约 3 分钟。盛在容器里，撒黑芝麻盐。

*　即使是平时想做少量 2 人份的时候，微波糯米小豆饭也是很便利的。

盐烧马鲛鱼

材料（2 人份）

马鲛鱼 1 片　盐少许

做法

1　马鲛鱼切成 4 等份。

2　1 的两面撒上盐，加热的烤架上翻烤两面。

油炸烧麦

材料（4 个的分量）

烧麦 4 个　A［天妇罗粉（市场上出售的）1 大匙　冷水 1 匙　青海苔粉 1 小匙　生抽少许］　炸油适量

做法

1　在一个小碗里把 A 混合制成天妇罗裹衣。

2　用勺子把 1 涂抹在烧麦上，用加热好的油炸到外酥内软。

*　用混合了青海苔的裹衣油炸，会缓和烧麦独特的气味。

into a lunch box

便当盒中装入微波糯米红豆饭，掺杂装春笋土佐煮（参考第 86 页）、油炸烧麦、盐烧马鲛鱼。春笋里可凭喜好添加嫩叶，马鲛鱼里可添加柠檬。空隙中适量放入脆脆的梅子切片。

油豆腐寿司饭便当

主角是把甜咸汤汁煮出的油豆腐放在寿司饭上的简单油豆腐饭。

把煮好的、充分吸收汤汁的冻豆腐和肉末加上淀粉勾芡，

完成后，掺杂着装进饭盒。

油豆腐寿司饭

材料（1 人份）

糖水煮的油炸豆腐 （油豆腐 1 块　汤汁 ¼ 杯　酱油大匙 ½ ～ ⅔　甜料酒和酒各 ½ 大匙　砂糖 1 大匙） 米饭一碗　寿司醋（市场上出售的）1½ 大匙　花椒小银鱼 1 大匙

做法

1 制作糖水煮的油炸豆腐。把油豆腐去油，沥干水分，切成 2cm 宽。

2 在小锅中，把汤汁和调味料煮开，加入 1 的油豆腐，煮至收汁完全入味，冷却。

3 在温米饭中加入寿司醋，用切割的方法混合拌匀制作寿司饭，加入胡椒粉小银鱼。

4 把 3 装进容器里，上面铺上糖水煮的油炸豆腐。

冻豆腐肉末馅

材料（2 人份）

冻豆腐 1 块　猪肉末 50g　汤汁 ½ 杯　A（砂糖、甜料酒、酒、生抽各 1 大匙）　盐少许　淀粉和水各 1 小匙

做法

1 把冻豆腐解冻，挤干水分，切成 1cm 块状。

2 把汤汁和 A 的调味料混合放入小锅里，点火，加入肉末，使其散开。

3 汤汁再煮开的时候，撇掉上面的浮起物，把 1 的冻豆腐加进去煮。尝尝味道，加盐，往汤汁里加水溶淀粉勾芡。

into a lunch box

便当盒中装入油豆腐饭，使用分隔盒，适量地掺杂着装入冻豆腐的肉末馅、荷兰豆拌青菜（参考第 61 页）、酱油腌胡萝卜皮（参考第 104 页）。
在这里我把叶兰铺在竹笼的便当盒上面。

把冷冻米饭温热后做成饭团，如果味道混合恰当的话，即使冷却以后也会很美味。

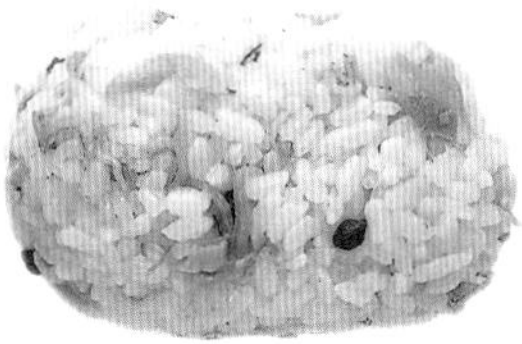

♣ 用腌咸菜做的常备菜

炒芥菜

材料和做法

（方便制作的分量）

把腌芥菜 150g 的盐味快速冲洗掉，挤干水分。菜叶宽的地方切开，然后切成细丝。

煎锅中倒入 ½ 大匙色拉油加热，迅速翻炒，完成后撒入 ½ 大匙芝麻油调味。

炒芥菜火腿

材料和做法（2 人份）

把温热的 2 小碗米饭用 2 大匙炒芥菜（参考左边）、2 片火腿的细碎末、1 大匙芝麻混合，等分后握成喜欢的形状。

＊ 炒芥菜可以做温热的米饭和拉面的浇头，放入煎鸡蛋里也很美味。

咸烹蛤蜊和红姜

材料和做法（2 人份）

把 2 大汤匙切碎的红生姜与 2 小碗份温米饭混合，等分后，每份往芯里放入 3 ～ 4 个咸烹蛤蜊，握成喜欢的形状。

鲑鱼和花椒小白鱼

材料和做法（2 人份）

往 2 小碗份温米饭中，加入花椒小白鱼 1 大匙、盐烧鲑鱼 1 大匙，混合，等分后握成喜欢的形状。

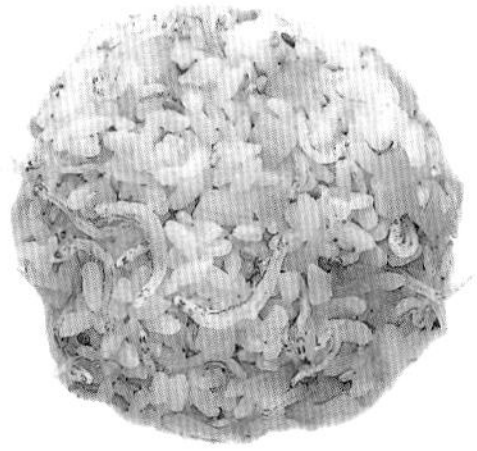

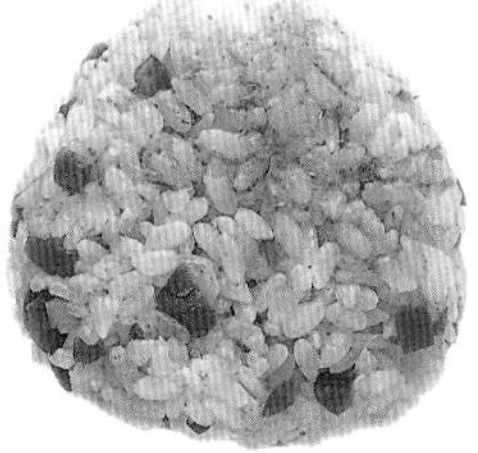

梅肉海苔

材料和做法（2 人份）

把梅肉拍成糊状，1 大匙梅肉里揉入半张烤海苔，使其混合。往 1 小碗份温米饭中，塞入梅肉与海苔的半份作为芯，握成喜欢的形状。另一个也做成同样。

* 只有咸梅干的话会很酸，所以与烤海苔混合。

野泽菜小杂鱼

材料和做法（2 人份）

把 2 小碗份温米饭加入 2 大匙切碎的腌野泽菜、2 大匙小白鱼杂鱼、1 大匙炒白芝麻，混合，等分后握成喜欢的形状。

* 野泽菜尽可能剁碎，更容易与米饭融合。

鳕鱼子和海带

材料和做法（2 人份）

把 2 小碗份温米饭加入烤散的鳕鱼子 2 汤匙混合。等分后，以海带佃煮 1 ～ 2 小匙、炒白芝麻少许作为芯制作一个饭团，握成喜欢的形状。

脆皮梅子和鲣节

材料和做法（2 人份）

把 2 小碗份温米饭中加入去核切碎的脆皮小梅子 2 大匙、剁碎的鲣鱼 1 小袋，混合，等分后握成喜欢的形状。

如果一直坚持自己做便当的话，也会遇到很长段时间心情低落的时候。想克服这个难处的话，需要自己想办法鼓励自己。每天早上我会系上最喜欢的围裙，或者忙一段落之后喝杯我喜欢的奶茶，或者定个计时器，在规定时间内一定把便当完成，渐渐地我就找到了乐趣与干劲。我觉得现在用数码相机记录是很有趣的。有时菜品的数量较少，但就算是和市场上的产品组合在一起，也饱含了制作人的心意。便当盒空空地拿回来就是最好的回答，我会为此继续努力。

6

便当的经典三明治

有可口的面包时就会想到做三明治。

金枪鱼碎末三明治、鸡蛋三明治、炸猪排三明治……

长久以来时常制作的那些经典美味都是我的最爱。

亲手制作的酸黄瓜也是三明治不可缺少的伙伴。

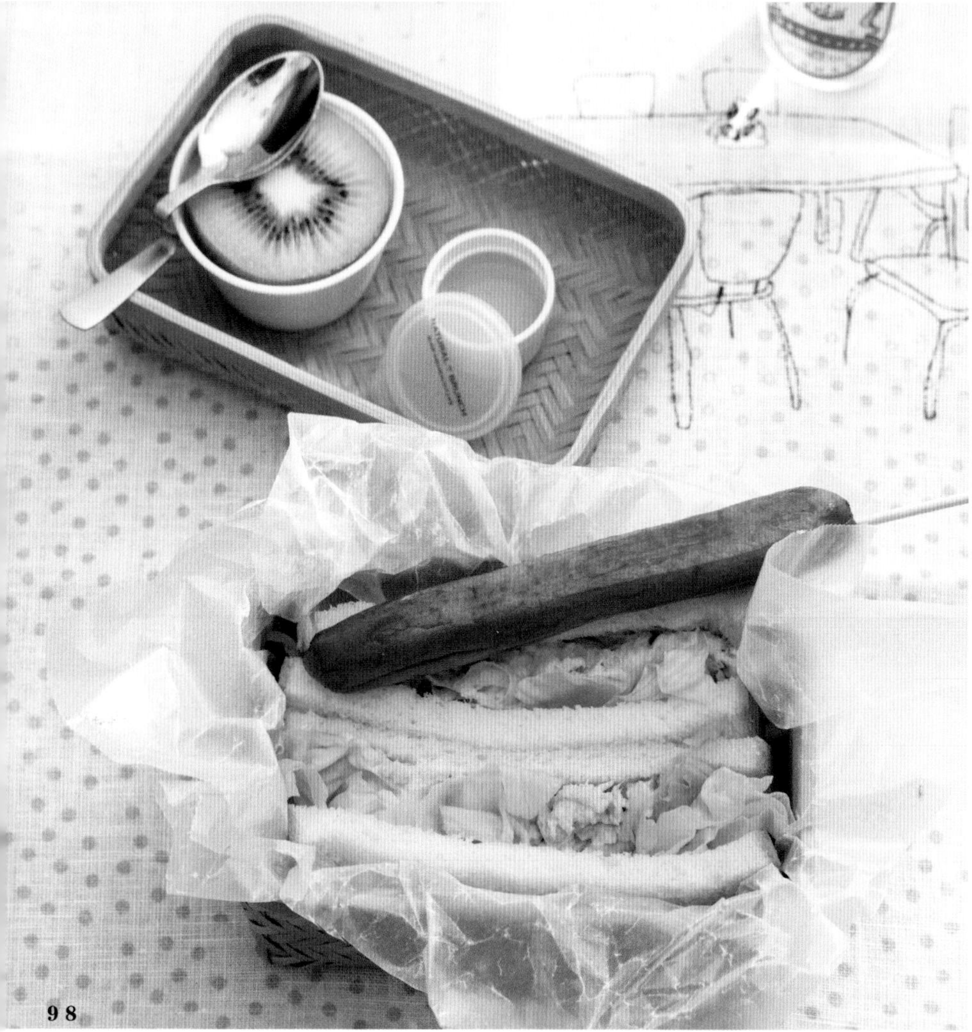

金枪鱼三明治

材料（1 人份）

金枪鱼碎末罐头 1 个　洋葱碎末 2 大匙
蛋黄酱 2 ～ 3 大匙　盐、胡椒粉少许
生菜叶 2 片　切片面包（10 片型）2 片

做法

1 切下生菜叶放入冷水中浸泡，使叶片带有生脆鲜嫩口感，捞出后拭去叶片上的清水并放入冰箱冷藏。

2 打开金枪鱼碎末罐头，去除汤汁。将洋葱切成碎末。

3 在碗中放入金枪鱼碎末和洋葱碎末，用蛋黄酱、盐、胡椒粉调味。

4 在切片面包上放置生菜叶，再放上 3，盖上另一片面包，轻轻按压一下，切成适合入口的大小即可。

＊ 拭去三明治内生菜叶上的清水非常重要。使用前冷藏生菜叶可使叶片清凉爽口。照片中还添加了酸黄瓜、猕猴桃和蜂蜜。

酸黄瓜

材料（方便制作的分量）

黄瓜5根　小黄瓜12根　A（醋2杯　白葡萄酒1杯　水¾杯　砂糖80克　盐2小匙）　B［蒜1片　红尖辣椒（去除辣椒子）2个　月桂叶2片　胡椒粉粒2小匙］

做法

1　将黄瓜切成等长的3段，和小黄瓜一起在热水中氽一下后捞出放凉备用。

2　锅内放入A开火，直至砂糖完全溶解后关火放凉。

3　在用热水消毒过的瓶子里放入1的黄瓜和2的腌制卤水。加入B冷藏保存。腌制的第二天便可以食用了。

＊　口感犹如沙拉生脆鲜嫩，事先多做一些，也能方便日常使用。还可加在土豆沙拉里，同时也是塔塔酱不可缺少的材料。

鸡蛋三明治

材料（2 人份）

鸡蛋 2 个　蛋黄酱 1½ 大匙　盐、胡椒粉少许　切片面包（10 片型）4 片

做法

1　将鸡蛋水煮至蛋黄松软状，用手压碎成大块放入碗中。

2　在 1 中加入蛋黄酱搅拌，注意不要将鸡蛋捣碎，并用盐和胡椒粉调味。

3　在切片面包上涂上足量的 2 后盖上另一片面包，轻轻按压一下，切除面包片的边缘，切成适合入口的大小即可。

＊　为了能够更好地品尝鸡蛋三明治的松软口感，所以切除了面包片的边缘。可根据个人喜好保留边缘。

牛油果香蕉酸奶三明治

材料（2 人份）

原味酸奶 ½ 杯　牛油果 ½ 个　柠檬汁少许　香蕉 ½ 根　甜炼乳 ½ ～ 1 大匙

切片面包（10 片型）4 片

做法

1 在碗中铺上厨房用纸巾，倒入酸奶，放置 2 ～ 3 小时，去除汁水。

2 牛油果去皮去核，放入另一个碗中，倒入柠檬汁，压碎成大块。

3 香蕉去皮，用手掰断，放入 2，在 1 中加入甜炼乳。

4 在切片面包上涂上足量的 3 后盖上另一片面包，轻轻按压一下，切除面包片的边缘，切成适合入口的大小即可。

＊ 去除汁水的酸奶像法国奶酪一样加入水果，口感会更加清爽醇厚，我有时也会将其加入到土豆沙拉里。

咖喱蛋黄酱

材料和制作方法(方便制作的分量)
蛋黄酱 ¼ 杯、咖喱粉 ½ 大匙、牛奶 1 大匙、柠檬汁、法式清汤颗粒各少许搅拌均匀。
* 因不宜长久保存，请尽早使用。

炸猪排三明治

材料（1 人份）

猪排（参考第 44 页，冷冻的迷你炸猪排）2 块　食用油适量　凉拌卷心菜［卷心菜叶 2 片　芹菜段 10cm 长　紫苏叶 5 片　咖喱蛋黄酱酱汁（参考以下内容）2 大匙　盐少许］ 面包、黄油、生菜叶各适量

做法

1　前一晚将猪排移至冰箱冷藏柜自然解冻。
2　加热食用油，将 1 油炸至熟透。
3　制作凉拌卷心菜。将卷心菜切丝，芹菜去筋切丝，紫苏叶切成粗丝。用盐和咖喱蛋黄酱酱汁调味卷心菜丝和芹菜丝后加入紫苏叶搅拌均匀。
4　面包片对半切开涂上黄油，铺上生菜叶，中间夹上 2 的猪排和 3 的凉拌卷心菜。

热狗

材料（2 个量）

洋葱 ¼ 个　酸黄瓜（参考第 99 页）适量　香肠 4 根　热狗面包 2 个　咖喱蛋黄酱（参考第 102 页）适量

做法

1 将洋葱切成碎末，去除水分。酸黄瓜切成碎末。

2 用热水煮香肠。

3 用热狗面包夹住香肠，淋上咖喱蛋黄酱，放上洋葱碎末和酸黄瓜碎末。

＊ 除了制成便当以外，刚做好直接食用也非常美味可口。

只要备有任何一种即可多增加一款菜肴，是每日便当的好伙伴。

❶ 酱油腌萝卜皮

材料和制作方法
（方便制作的分量）

1 萝卜皮（约 30cm 长 1 根，略微粗刨）在筐内摊开放置，自然晾晒一天。

2 将 1 切成长 3 ～ 4cm、宽 8mm 的丝状。

3 在万能海带酱油（参考下方内容）1 次使用量内放入花椒 1 大匙、红尖辣椒 2 个切成圈状、酸橙 1 个切成薄片，和萝卜皮搅拌均匀，放置半日以上。

❷ 酸甜芹菜和胡萝卜

材料和制作方法
（方便制作的分量）

1 将醋 ½ 杯、砂糖 15g、盐 ⅓ 小匙混合，直至砂糖和盐充分溶解。

2 ½ 根芹菜去筋，½ 根胡萝卜去皮，各切成 3cm 长的丝状。襄荷 3 个对半切开后切成薄片。

3 1 的甜醋和 2 的蔬菜混合后冷藏至入味。

方便的调味酱汁

万能海带酱油

材料和制作方法（方便制作的分量）
在锅内倒入 ¼ 杯味淋加热去除酒精。趁热倒入 ¾ 酱油和清洗后擦干的 10cm 方形的高汤海带 1 片，放置 2～3 小时或更久。可按喜好将海带取出。

❺

❻

❸ 酸甜鸭儿芹茎

材料和制作方法
（方便制作的分量）

1 将醋 1 杯、砂糖 40g、盐 ⅔ 小匙混合，直至砂糖和盐充分溶解。

2 将鸭儿芹茎 2 把（150g）切成 3cm 长，用热水汆一下后放入冷水中冷却。捞出后去除汁水。

3 1 的甜醋和 2 的鸭儿芹茎混合，冷藏放置 1～2 小时。

* 请使用白色结实的部分。余下的菜叶可炒（参考第 60 页）、煮或做汤等。

❹ 辣腌豆芽

材料和制作方法
（方便制作的分量）

1 高汤（鸡精 1 大匙用 1 杯热水溶解后冷却）、豆瓣酱 2 小匙、生抽 2 小匙、醋 2 大匙、砂糖 1 小匙混合。

2 豆芽 2 袋（500g）去根，下锅热炒去除水分后摊开冷却。

3 1 的调味料和豆芽混合，加入 1 大匙麻油添香，放置至入味。

* 灵感来自市场销售的腌豆芽。为了入味需先热炒豆芽去除水分。

❺ 酸甜花椰菜

材料和制作方法
（方便制作的分量）

1 将 1 小棵花椰菜分切成小株，稍微汆水后去除汁水。生姜 1 小片。

2 甜醋（参考下方内容）1 杯和花椰菜、生姜片混合，冷藏放置一晚。

* 想节省时间时也可直接使用生的花椰菜。

方便的调味酱汁

甜醋

材料和制作方法（2 杯）
小锅内放入 1 杯味淋，用文火煮 3 分钟左右。趁热放入 3 大匙砂糖和 2 小匙盐。冷却后再倒入 1 杯醋搅拌均匀。

❻ 酸甜拍黄瓜

材料和制作方法
（方便制作的分量）

1 将醋 ¾ 杯、砂糖 2 大匙、盐 ¼～⅓ 小匙混合，直至砂糖和盐充分溶解。

2 将 2 片 5cm 的方形高汤海带清洗后擦干。

3 黄瓜 4 根去头尾，用搅拌棒或擀面杖拍碎后切成 2～3cm 长的段。

4 1 的甜醋和 3 的黄瓜、2 的高汤海带、红尖辣椒 1 个切成圈状混合，冷藏放置 2～3 小时或更久。

手工制作的便当袋，用买来的布绣上名字就成为使用者专用的物品，本人一定会很高兴。这款长方形的便当袋适合双层便当盒。

便当袋的制作方法

材料

表面布（无花纹）、里面布（条纹）都裁剪成长 90cm×24cm

的蝴蝶结　宽 1.2cm×60cm（分成 26cm 和 34cm）缝纫线

完成后的尺寸

长 17cm× 宽 7cm× 高 10cm

制图和裁剪方法

表面布（无花纹）、里面布（条纹）按同样方法剪裁

缝边为 1cm

数字的单位为 cm

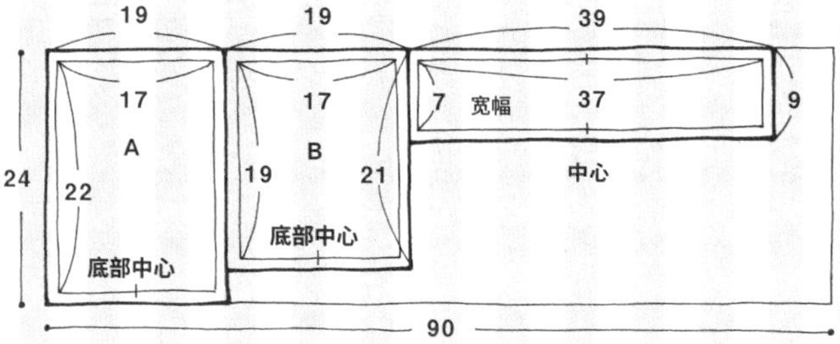

❶ 在表面缝上蝴蝶结

表面布（无花纹）B的表面底部中心缝上蝴蝶结（26cm）

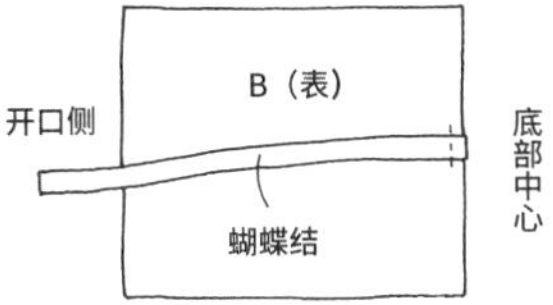

❷ 3块布缝合

表面布（无花纹）A、B的底部中心和宽幅布的长边中心用别针固定，宽幅布两端各缝合约1cm。里面布（条纹）按同样方法缝合。并将3块布的边角整理好。

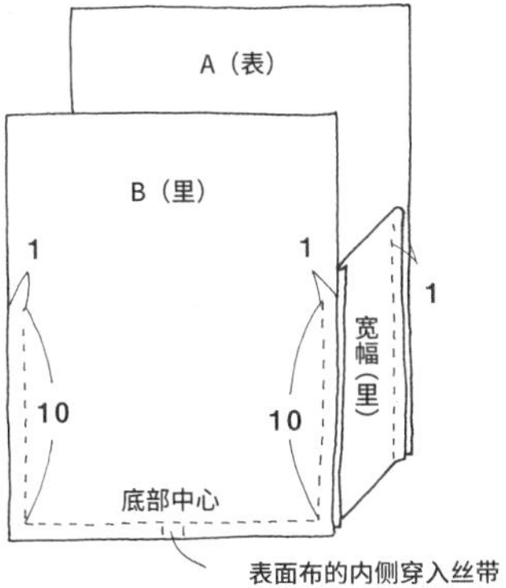

※ A、B、宽幅的边角整理方法
（缝合处不要剪切掉）

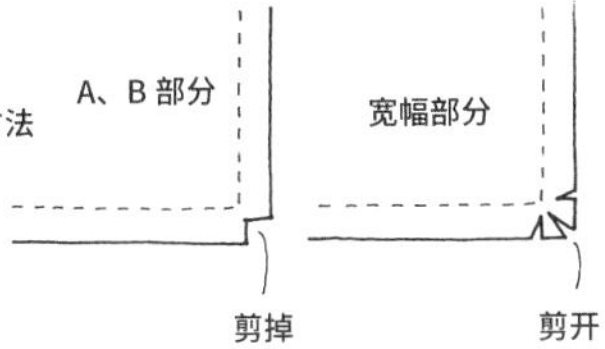

❸ 缝合表面布和里面布

翻过表面布（无花纹），将缝合部分折入。里面布（条纹）直接向外折，使两块布表面重合。开口部分用缝纫机缝合后，将表面布和里面布缝上。

完成图

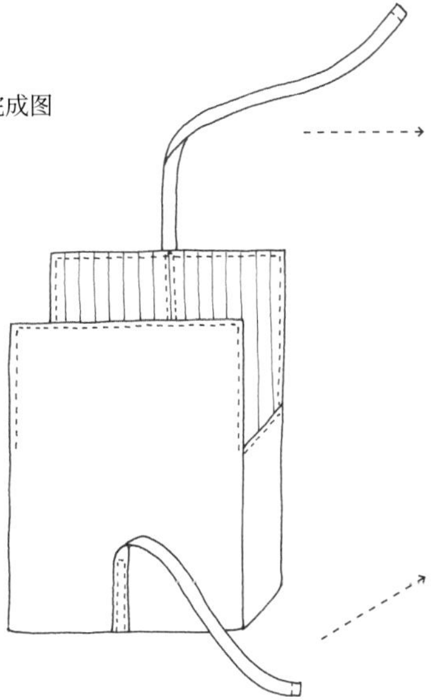

❹ 缝合蝴蝶结

在缝成袋子的表面布（无花纹）B布和A布的开口处缝上蝴蝶结（34cm）。

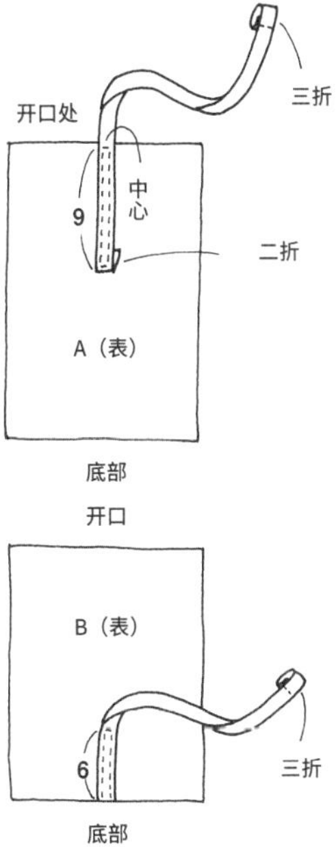

后　记

在整理这本书的时候，我又询问了家人喜爱的便当菜肴是什么，丈夫玲儿喜欢的是味噌青花鱼、盐烤鲱鱼、萝卜干和煮油豆腐，女儿跟以前一样喜欢青椒塞肉、炸鸡块、炒饭组合，儿子喜欢的是红烧琥珀鱼、芝麻拌西蓝花，还有大家都喜欢的姜汁炒肉和土豆沙拉等等，不胜枚举。看到便当里排列着自己喜欢的菜肴，那时的心情也许比在餐桌上看到它们时更高兴。每个人喜爱的口味会随着年龄有所变化，也有多年一成不变的，经常询问并且牢记在心是很重要的事。我一直认为美食是传达自己爱意的方式。通过小小的便当盒来加深家人之间的感情，真是无与伦比的欣喜。

栗原晴美

肉类

简单叉烧　11

嫩煎猪肉　15

龙田炸鸡胸肉　17

烤肉　25

炸鸡块　36

甜醋挂浆炸鸡块　37

酱烧汉堡肉饼　40

炸猪排　44

浇汁蛋液炸猪排　45

生姜烧猪肉　51

青椒塞肉　58

辣酱油肉松　73

小香肠炒菠菜　76

味噌酱腌牛肉　89

油炸烧卖　91

蛋类

炒鸡蛋　11、68

西班牙风味煎蛋　19

鹌鹑蛋的肉蛋卷　41

青豆汁浇欧姆蛋　53

鸡蛋烧　55

鸡蛋卷　76

贝类、鱼类

烤鳕鱼子、炸番薯球　15

炖鲣鱼块　27

芝士焗竹轮卷　37

盐烤鲣鱼　45

炸干贝　51

味噌腌银鳕鱼　57

青花鱼肉松　74

鲷鱼肉松　77

照烧旗鱼　85

盐烧马鲛鱼　91

蔬菜类

微波炉菠菜　11

拍黄瓜和醋拌裙带菜　17

煮西蓝花和炒小香肠　17

鸡肉土豆沙拉　23

原味土豆沙拉　23

胡萝卜金枪鱼沙拉　25

菠菜芝麻拌菜　37

豆角柴鱼花　45

浅腌菜花和盐昆布　51

牛肉卷牛蒡胡萝卜　55

醋腌黄瓜粉丝　55

金平牛蒡　57

南瓜沙拉　60

带根鸭儿芹炒小白鱼干　60

蛋黄酱拌菠菜金枪鱼　61

浸豌豆荚　61

炒青菜　62

梅子莲藕　63

芝麻花椰菜　63

焯荷兰豆　68

咸甜土豆和肉馅　70

味噌腌黄瓜　72

黄油炒豌豆　83

酸黄瓜　99

酸甜鸭儿芹茎　105
辣腌豆芽　105
酸甜花椰菜　105
酸甜拍黄瓜　105

饭类

油豆腐寿司饭　93

手握饭团
炒芥菜火腿　94
咸烹蛤蜊和红姜　94
鲑鱼和花椒小白鱼　94
梅肉海苔　95
野泽菜小杂鱼　95
鳕鱼子和海带　95
脆皮梅子和鲣节　95

一口吞饭团　13
一口吞蔬菜和墨鱼盖饭　27
一口吞油豆腐饭　29
鸡肉松菜饭　66
蛋包饭　83
黑豆饭　85
咖喱炒饭　89
微波糯米红豆饭　91

面包、意大利面

炒沙拉意大利面　13
火腿芝士三明治　29
金枪鱼三明治　98
鸡蛋三明治　100
牛油果香蕉酸奶三明治　101
炸猪排三明治　102
热狗　103

方便的调味酱、调味汁、其他

调香酱油　36
手工炖煮酱汁　41
番茄酱汁　58
芝麻酱汁　63
糖渍橘子　72
照烧酱汁　85
炒芥菜　94
咖喱蛋黄酱　102
万能海带酱油　104
甜醋　105

图书在版编目（CIP）数据

栗原晴美的每日便当 /（日）栗原晴美著；凌文桦译．—广州：广东旅游出版社，2020.5
ISBN 978-7-5570-2197-9

Ⅰ．①栗… Ⅱ．①栗… ②凌… Ⅲ．①食谱 Ⅳ．① TS972.12

中国版本图书馆 CIP 数据核字 (2020) 第 036171 号

出 版 人：刘志松
责任编辑：方银萍
装帧设计：张 莹 肖 雅
责任校对：李瑞苑
责任技编：冼志良
选题策划：后浪出版公司
出版统筹：吴兴元
编辑统筹：王 頔
特约编辑：刘 悦
营销推广：ONEBOOK

栗原晴美的每日便当

LIYUANQINGMEI DE MEIRI BIANDANG

广东旅游出版社出版发行
（广州市越秀区环市东路338号银政大厦西楼12楼）
邮编：510060
印刷：北京盛通印刷股份有限公司
字数：205千字
版次：2020年5月第1版第1次印刷
开本：889毫米×1194毫米 大32开
印张：3.5
定价：42.00元